ゲーム作り
で楽しく学ぶ

オブジェクト指向
のきほん

森 巧尚——［著］

マイナビ

本書のサポートサイト

本書のサンプルファイル、補足情報、訂正情報を掲載してあります。
適宜ご参照ください。
https://book.mynavi.jp/supportsite/detail/9784839983017.html

はじめに

この本は、**少し作れるようになったプログラマーが、ゲームを作りながらさらに楽しくオブジェクト指向を学んでいく入門書**です。

「簡単なゲームは作れるけれど、複雑なゲームってどんなふうに作ったらいいの？」
「オブジェクト指向って理解したいんだけど、難しいんだよね。」

などと思っている人は多いのではないでしょうか。

オブジェクト指向は、「**複雑なしくみを効率的に作りやすくする手法**」です。昔からある技術ですが、今も多くのソフトウェアがオブジェクト指向で動いています。例えば、ゲームプログラミングの世界ではオブジェクト指向の考え方は、とても重要です。ゲーム開発ではUnityやUnreal Engineなどのゲームエンジンが使われていますが、これらは「キャラクタ」や「アイテム」などをオブジェクトとして考え、そこにさまざまな機能や振る舞いを追加するという、オブジェクト指向の考え方で作られています。
ですがその考え方は、「クラス」「インスタンス」「カプセル化」「継承」「ポリモーフィズム」などといった、なにやら聞き慣れない抽象的な考え方でできていて、初心者には難しく感じられる分野でもあります。

そこで本書では、オブジェクト指向を、**もっと身近で具体的にイメージ**しやすくするために、イラストや例え話をたくさん使って解説していきます。やさしく教えてくれるカエル先生と、読者の代わりに気になるところを質問してくれるミライちゃんと一緒に、楽しく学

んでいきましょう。

本書は『ゲーム作りで楽しく学ぶ Python のきほん』の続きですが、前の本を読んでいなくても楽しく学んでいけます。ゲームを作りながらプログラミングの世界を冒険していきます。「**オブジェクト指向**」や「**デザインパターン**」という新しいアイテムを手に入れて、次のステップへと進んで行きましょう。そしてこのアイテムは「**新しい考え方の視点**」でもあります。プログラミング以外でも、例えば仕事での**複雑な問題を解決するときのヒント**として使える考え方です。

ぜひ、プログラミングの世界を楽しみながら進んでいってください。そして、新しい視点や考え方を身に付け、自分の手でゲームやプログラムを作り上げる喜びを味わってください。
あなたの成長と冒険を心から応援しています。

2023年12月
森 巧尚

こんにちは。ボクはプログラミングにくわしいカエルです。みなさんにPythonを使って「オブジェクト指向の基本とゲーム作り」を教える、責任重大な任務を担当しています。

この本を手にとった皆さんの中には、シリーズ本の前作、『ゲーム作りで楽しく学ぶPythonのきほん』を読んで、プログラミングやPythonにはじめて挑戦した、という方もいるでしょう。読み終えたあと、はじめてプログラミングを使って自分でゲームを作れたことに達成感をおぼえて、もっと複雑なゲームを作ってみたい！　と思ったのではないでしょうか？

本書の使い方

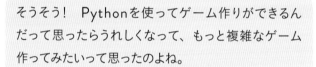
そうそう！　Pythonを使ってゲーム作りができるんだって思ったらうれしくなって、もっと複雑なゲーム作ってみたいって思ったのよね。

そうだね。複雑なしくみを作るために重要になるのが**オブジェクト指向プログラミング**だ。プログラミングを深く理解する上で、とっても大切な考え方なんだけど、『ゲーム作りで楽しく学ぶPythonのきほん』で覚えた内容より、少し難しくなることから、なかなか理解するのが難しい、という人もいるんだよね。

カエルくん
プログラミングにくわしい不思議なカエル。ていねいでやさしい解説に定評がある

ミライちゃん
自分でゲームを作りたくてバーチャルの世界からカエルくんのもとにやってきたV-Tuber。好奇心旺盛な性格

そうだよね。覚えることがたくさんあって、びっくりしちゃった！

でも大丈夫。一見、難しい用語や考え方も、一つひとつを部品に分けて、ていねいに説明していくよ。ミライちゃんと一緒に、会話形式で学んでいくから、ミライちゃんと一緒に、わからないことを一つずつ解消していこう。

部品ごとに分けて説明する……この本のしくみ自体がオブジェクト指向と同じだね！

 本書の対象読者

本書はシリーズの前作、『 ゲーム作りで楽しく学ぶ Python のきほん 』を読んだ方を想定して、オブジェクト指向についてスムーズに学習できるように作りました。もちろん、前作を読んでいなくても大丈夫。その場合は、ご自身のプログラミングレベルが本書に適しているかどうか、以下を参考にしてみてください。

- プログラムの3つのきほん「順次」「分岐」「反復」をマスターしている方
- pygame の命令をある程度※、理解できる方
- オブジェクト指向を使って、より複雑なプログラミングに挑戦してみたい方

※ 本書で扱う pygame の命令については、巻末付録の pygame リファレンス（P.241）をご確認ください。

本書の工夫

1. 会話形式で進む解説

オブジェクト指向の概念を無理なく読みすすめて理解できるよう、本書ではカエルくんとミライちゃんの会話を主体にして解説をしています。

2. カエルくんがやさしく教えてくれる

手前味噌でごめんなさい。でも、オブジェクト指向プログラミングがはじめての人の気持ちにできるだけ寄り添って、やさしく丁寧に書くようにつとめました。

基本的に新しい考え方が出てきたときには、説明を入れるようにしています。「この書き方なんのことだっけ?」とわからなくなったときは、前のページで出てきたかな?　とパラパラめくってみてくださいね。

やさしく
説明するよ

COLUMN

くわしく知りたい人の
ためのコラムじゃ

3. サンプルファイルが付いてくる

プログラムが動かないと焦りますよね。頑張って書いたのに……と悲しい気持ちにもなります。

でも大丈夫!　本書にはサンプルファイルが付いているんです。自分が書いたプログラムと見比べるもよし、コピペするのもよし、動きを確認するために1部を変更してみる

ダウンロード

のもよし、あなたが学習を続けやすい方法でサンプルファイルを使ってみてください。

ただし、サンプルコードを全部コピペして動かすだけ、というのはおすすめしません。プログラミングの勉強には「書いて覚える」ことも大事なんです。

また、同じようなプログラムを何度も書いているうちに、「これはこう動くのだ」と体感的に理解できることもたくさんあります。せっかくプログラミングに挑戦するのですから、その「わかった!」の瞬間を逃さないよう、できるだけ自分で書いてみて、動かないときにサンプルを覗いてみる……というやり方が最初はおすすめです。

ダウンロードの詳細やサンプルファイルについての注意事項はP.012を確認してください。

ゲーム作りの流れ

本書は基本的に「解説」→「ゲーム作り」の順で進んでいきます。

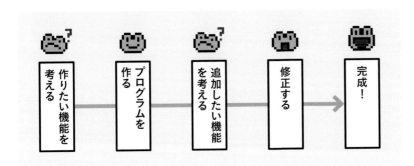

また、注目してほしい部分や、後ほど解説を入れているプログラムについ
ては、背景色を変更して掲載しています。赤字での注釈や、サンプルファ
イルの指定も入れているので、参考にしてみてくださいね。

**本書の
使い方**

 入力プログラム（test303.py） → サンプルファイルがあるときは
ここで指定しています

```
1   # 1.準備
2   import pygame as pg, sys  ── pygameをpgと略してインポート
3   pg.init()
4   screen = pg.display.set_mode((60
5   pg.display.set_caption("MYGAME")
6   # 2.メインループ
7   while True:
8       # 3.画面の初期化
9       screen.fill(pg.Color("NAVY"))
10      # 4.入力チェックや判断処理
11      # 5.描画処理
12      pg.draw.rect(screen, pg.Color("RED"), (10, 20,
        30, 40))
13      # 6.画面の表示
14      pg.display.update()
```

本書初出の内容などを中心に、
プログラムの中で何をしているか、
説明を入れています

後述で解説する部分など、注目して
ほしい箇所は背景色が変わります

コードが1行に収まらない場合は改行し
て表示（行番号なし）しています。実際
の入力時には1行で入力してください

本書のサンプルファイルについて

本書で解説しているサンプルファイルは以下のサイトからダウンロードできます。
https://book.mynavi.jp/supportsite/detail/9784839983017.html

■ 実行環境

Python
本書ではPython 3.12.0を使用して解説しています。

OS
Windows 11、macOS 14（Sonoma）

■ 配布ファイル

「samplesrc」フォルダ
サンプルプログラムのファイルです。

「images」フォルダ
本書で使用するサンプルの画像ファイルです。

「sounds」フォルダ
本書で使用するサンプルの音声ファイルです。

- 使い方の詳細は、本書内の解説を参照してください。

- サンプルファイルの画像データやその他のデータの著作権は著者が所有しています。このデータはあくまで読者の学習用の用途として提供されているもので、個人による学習用途以外の使用を禁じます。許可なくネットワークその他の手段によって配布することもできません。

- 画像データに関しては、データの再配布や、そのまままたは改変しての再利用を一切禁じます。

- スクリプトに関しては、個人的に使用する場合は、改変や流用は自由に行えます。

- 本書に記載されている内容やサンプルデータの運用によって、いかなる損害が生じても、株式会社マイナビ出版および著者は責任を負いかねますので、あらかじめご了承ください。

1

オブジェクト指向プログラミングってなに？

こんにちは。ボクはプログラミングにくわしいちょっと変わったカエルです。ゲームを作りながら、一緒にオブジェクト指向について学んでいきましょう。まずは準備を始めますよ。

CHAPTER 1.1
オブジェクト指向プログラミングってなに?

まずは
オブジェクト指向
プログラミングに
ついて
知っていきましょう。

 オブジェクト指向プログラミングを始めよう

カエルさん、はじめまして! わたし、ミライっていいます。ゲームが大好きで、とうとう自分で作ってみたいって思うようになって。カエルさんの『**ゲーム作りで楽しく学ぶPythonのきほん**』を読んだんです。メッチャよかったです〜。

 ミライさん、こんにちは。役に立ったようでよかったよ。

でね。書いてある簡単なゲームはできたんだけど、ちょっと違う敵を出したり、機能を増やしたりしたいって思ってるの。でも、よくわかんないのよね。それで、聞きに来たってわけなんです。

 なるほど。もう少し複雑なゲームを作りたいんだね。

そう! せっかく作るんだから、わたしのゲームを作りたいもんね。

 複雑なシステムを作るなら「**オブジェクト指向プログラミング**(Object-Oriented Programming)」で作るといいんだよ。

オブジェクト、シコウ、プログラミング?

 「**オブジェクト指向**」や「**OOP**」などと略したりするよ。**プログラムの設計方法のひとつ**なんだけど、ミライさんが知りたいなら、教えてあげようか。

ヤッタ！　おしえておしえてっ。あと、わたしのことはミライちゃんでいいよ。

じゃあ、ミライちゃん。オブジェクト指向プログラミング（以降OOP）について解説していくよ。

複雑なことも、部品に分ければ簡単になる

プログラミングって、はじめて学ぶときはだいたい「手続き型プログラミング」から始めていくんだよ。**基本は「順次、分岐、反復」の3つ**で、上から下へ流れるように書くプログラムだ。

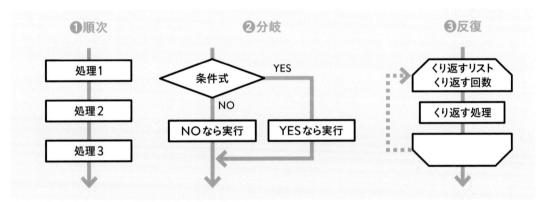

あ、それやったよ。最初プログラミングって不安だったけど、「たった3つの基本でできる」って聞いて安心したんだ。だからわたし、Pythonなら少しできるようになったかも。

ちょっとしたプログラムなら、だいたいこの手続き型プログラミングで作れるよ。でも、大きくて複雑なプログラムを作ろうとすると大変になってくるんだ。ミライちゃんも、ゲームに新機能をどう付ければいいか、よくわからなくなったんでしょう。

そうなのよ。どこになにを付け足せばいいのか、さっぱり。

そういうときは、「人類の知恵」を使おう。

 人類の知恵？

 「複雑なことも、部品に分ければ簡単になる」 というすばらしい知恵だ。

 どういうこと？

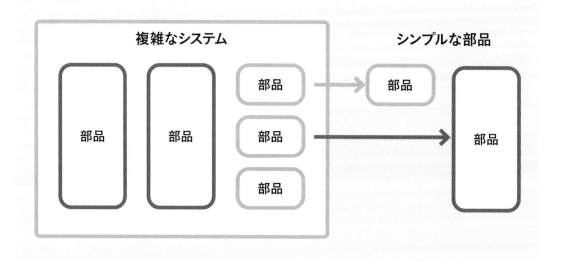

 現実世界で考えてみようか。**世の中にある複雑なしくみでできているものってどんなものがあると思う？**

 複雑なしくみのものね。例えば、**スマホ**とか？　PCとか？

 そうそう。スマホやPCは複雑だね。こういう複雑なものってみんな「**部品の組み合わせ**」でできているんだよ。

 たしかに。部品の組み合わせで、できてるっぽいよね。

 例えばスマホやPCは、「CPU」「メモリ」「ハードディスク」「バッテリー」「入力装置」などの部品でできている。

それだったら、**自動車**は？　あれも複雑だから部品でできてるよね。

 自動車も「エンジン」「ハンドル」「ボディ」「タイヤ」などいろいろな部品でできているよね。機械以外でも「複雑なもの」はあるよ。例えば「多くの人が使うサービス」とか。

えーと、**銀行のシステム**とかは？　複雑だよね。

 銀行のシステムも、「顧客管理」「口座管理」「取引管理」「セキュリティ管理」「通知システム」などいろいろな部品でできている。

じゃあさあ、会社は？　あれも複雑だから部品の組み合せだよね。だって従業員なんて「会社の歯車」って言われて、まるで部品扱いだよ。

 ははは。組織の場合に「部品」は悲しいから、「部署」とか「役割」の組み合わせでできている、と考えてみよう。例えば自動車会社なら、「デザイン」「エンジニアリング」「製造」「品質管理」「販売」「カスタマーサポート」など、多くの部署でできているね。

たしかに、みんな部品の組み合わせでできてるね。

 さらにこの考え方には、**システムとしてのメリット**もあるんだよ。

システムとしてのメリット？

まず、「**保守性が良くなる**」というメリットがある。もし故障したとき、その部品だけを修理したり、交換すればすぐに修理できるよね。

 うん。部品ってそういうものだよね。

 さらに、「**拡張性が良くなる**」というメリットもある。部品をアップグレードしたり、新しい部品を追加することで、システムの性能を上げたり、機能を増やせるよ。

 部品を差し替えて、バージョンアップね。

 さらに、「**再利用性が良くなる**」というメリットもある。部品は、一度作っておけば、別のものを作るときも再利用できるので便利だよね。

 なるほど。交換部品なんかもそうだよね。

 それから、「**システムを理解しやすくなる**」というメリットもある。そもそも複雑なシステムは、**すべてのしくみを一気に理解する**のは大変だし、**しくみを人に伝える**のも大変だ。でも、部品に分けると、全体の構造と機能を理解しやすくなったり、伝えやすくなる。

 「**部品に分けて作る**」って、いろんなメリットがあるのね。

部品に分けて作ることの特長とメリット

特長	メリット
保守性	故障したとき、その部品だけを修理したり、交換することで修理できます。
拡張性	既存の部品をアップグレードしたり、新しい部品を追加することで、システム性能を向上させたり、機能を拡張できます。
再利用性	同じ部品を異なるシステムで再利用することができます。
理解のしやすさ	複雑なシステムを、部品という単位に分解することで、全体の構造と機能を理解しやすくなります。

○○Pはいろいろな言語で使われている

部品に分けて作るのは、いろいろなメリットがあることがわかったね。そこで、この考え方をプログラミングに応用したのが、**○○P（オブジェクト指向プログラミング）** なんだ。だから、「**部品に分けて作るメリット**」は、「**○○Pのメリット**」でもあるんだよ。

けっこういいアイデアね。でも、○○Pって特別な感じがするんだけど、特別な準備が必要だったりするの？

多くのプログラミング言語で普通に使えるよ。 ○○PというとJavaっていうイメージもあるようだけど、○○Pって、1960年代から存在する考え方なんだ。1970年代にSmalltalkというオブジェクト指向プログラミング言語が登場したんだけど、その後Java、Python、C++、C#、Objective-C、Swiftなど、いろいろな言語で使えるようになったんだよ。

そんなに古くからあったんだ。

 だから、今ではプログラムのいろいろな分野で使われているよ。例えば、Webアプリケーションの開発に利用するDjango（ジャンゴ）やFlask（フラスク）が○○Pだね。Webのフロントエンドの開発に利用するAngular（アングラー）やReact（リアクト）やVue.js（ビュージェイエス）などもある。Microsoft社が提供する.NET Framework（ドットネットフレームワーク）や、Javaで開発されたSpring Framework（スプリングフレームワーク）などもそうだよ。

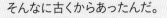

うひゃ〜、ヤバッ！　もっと楽しそうなのかと思ってたのにな〜。

 楽しそうなので言うと、ゲーム開発エンジンでもよく使われてるよ。**Unity（ユニティ）** や**Unreal Engine（アンリアル エンジン）** や**Cocos2d-x（ココスツーディーエックス）** など、ゲームを作るときにも○○Pは重要な考え方だね。

そうそう！　わたしはゲームが作りたかったのよ。じゃあさあ、○○Pでゲームを作るとして、そういうときってどんな感じで作っていくの？

ゲーム開発エンジンでも〇〇Pは使われている

 ゲームを「**部品の組み合わせ**」という視点で考えていくんだよ。ミライちゃん、ゲームって**どんな部品**でできていると思う？　考えてみて。

 ん〜、「主人公」とか「敵」とか「ワナ」とか「アイテム」とか「スコア」とか「ハート」とか、かな。

 だよね。「主人公」はキー操作で動いて、「アイテム」を取ったら「スコア」が増える。「敵」が「主人公」を攻撃すると「主人公」の「ハート」が減る。

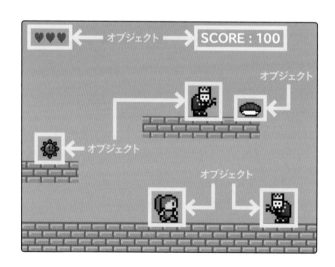

 部品の組み合わせで動いているよね。

 つまりゲームを考えるとき、「**どんな部品でできているのか？**」「**どんなつながりがあるのか？**」と考えて作っていくんだよ。

わたしは、「違う敵」を出したかったんだけど、そういうときはどうするの?

これも「**どんな部品なのか**」で考えよう。「違う敵」も「敵」だよね。だから、「**すでにある敵という部品を少し改造して、違う敵として新しく作れるな**」、と考えるんだ。違うのは「動き」や「攻撃方法」だろうから、そこだけ改造すればできそうだよね。

ふうん。部品って考えるのね。で、そのあとは、なにをするの?

計画を立てたら、プログラムを書いていくんだ。その具体的な書き方が、「**オブジェクト指向プログラミングの書き方**」なんだけど、この書き方については、次の章でじっくり進めていくよ。

COLUMN:『ゲーム作りで楽しく学ぶ Python のきほん』と本書の違い

『Pythonのきほん』は、初心者の方がミニゲームを作りながら、「プログラムの3つの基本」と「Pythonの使い方」を楽しく学んでいける本です。プログラムの基本を使って、いろいろなプログラムを作っていきます。ですが、そのまま複雑なシステムを作っていこうとすると、だんだん難しくなっていきます。

複雑なシステムを作るには、「**複雑なシステムをうまく作る考え方**」が必要になるからです。そこで、本書『オブジェクト指向のきほん』では、その考え方を、シンプルにまとめて使いやすくした「オブジェクト指向」や「デザインパターン」が**なぜ複雑なシステムをうまく作れるのか**を中心に、ミニゲームを作りながらやさしく体験していきます。

1.2
Pythonの インストール

オブジェクト指向を
理解するために
Pythonを
使っていきます。

ねえねえ、カエルさん。わたし、このまえ新しいパソコンに買い替えたばかりなんだけど、どんな準備をすればいいの？

そっか。じゃあ、Pythonのインストールから始めよう。Pythonは無料でインストールできるよ。

Windowsにインストールするとき

Windowsにインストールするときは、以下の手順で行ってください。

1. 公式サイトへアクセス

Pythonの公式サイト（https://www.python.org/）にアクセスしましょう。

2. ダウンロードページへ移動

[Downloads] ボタンをクリックすると「Download for Windows」と表示されるので ［Python 3.12.x］のボタンをクリックします。

3. インストーラーの実行

ダウンロードしたファイルをクリックして、インストーラーを起動します。「Add python.exe to PATH」のオプションをチェックして、次に「Install Now」をクリックしてインストールを開始し、画面に表示される指示に従い、インストールを進めてください。「Setup was successful」と表示されれば、Pythonのインストールは完了です。

オプションをチェックしてからインストールボタンをクリック

［Close］をクリックして完了

 macOS にインストールするとき

macOS にインストールするときは、以下の手順で行ってください。

1. 公式サイトへアクセス

Python の公式サイト（https://www.python.org/）にアクセスしましょう。

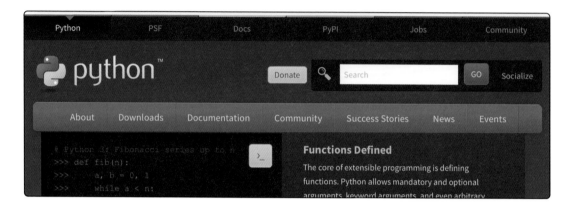

2. ダウンロードページへ移動

トップページの「Downloads」ボタンをクリックすると、macOS 用のインストーラーが表示されますので、クリックしてダウンロードしてください。

［Downloads］ボタンをクリックすると「Download for macOS」と表示されるので［Python 3.12.x］のボタンをクリックします。

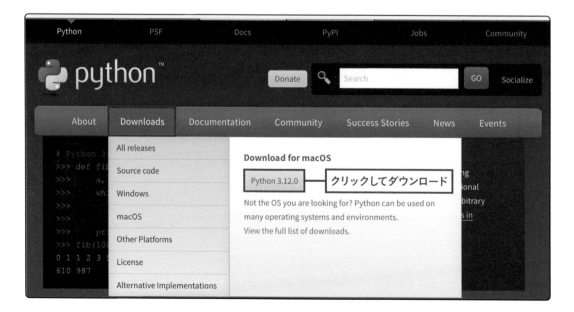

3. インストーラーの実行

ダウンロードした「.pkgファイル」をダブルクリックしてインストーラーを起動します。画面に表示される指示に従い、インストールを進めてください。「インストールが完了しました」と表示されれば、Pythonのインストールは完了です。

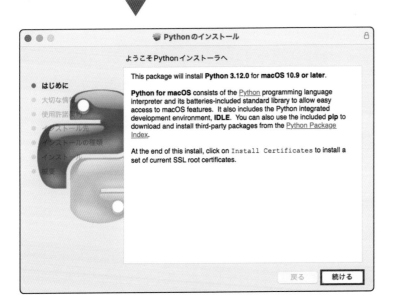

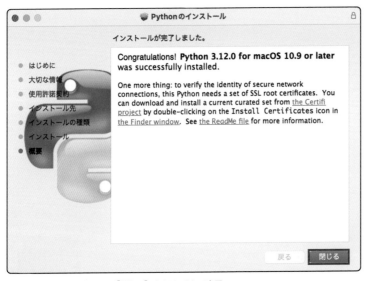

指示に従ってインストールし［閉じる］をクリックして完了

1.3

Visual Studio Codeの
インストール

VSCodeをインストールしましょう。ファイル操作が楽になります。

 Pythonのインストールが完了したら、次は「Visual Studio Code」というエディタをインストールするよ。略して「**VSCode**」ともいう。これも無料でインストールできるよ。

『**ゲーム作りで楽しく学ぶ Pythonのきほん**』を読んだけど、そのときは「IDLE」っていうのを使ってたよね。

 IDLEは、Pythonと一緒にインストールされる**超簡単エディタ**だね。でも〇OPでは、ファイルをたくさん作ったりするので、ファイル操作がやりやすいほうが作りやすい。だから、**Visual Studio Code**を使ってみようと思うんだ。

Windowsにインストールするとき

Windowsにインストールするときは、以下の手順で行ってください。

1. 公式サイトへアクセス

Visual Studio Codeの公式サイト（https://code.visualstudio.com/）にアクセスします。

2. インストーラーをダウンロード

［Download for Windows］ボタンをクリックします。

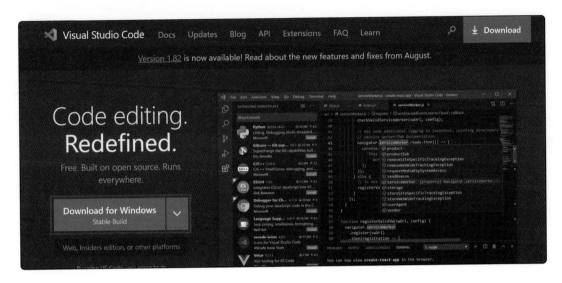

3. インストーラーの実行

ダウンロードした「.exe ファイル」（インストーラー）を起動します。画面に表示される指示に従ってインストールを進めてください。

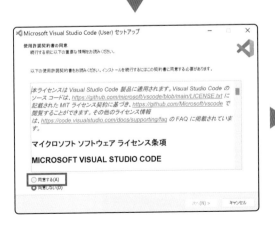

4. Visual Studio Code の起動

インストールが完了したら、スタートメニュー、またはデスクトップのショートカットから「Visual Studio Code」を起動します。

ショートカットをクリック

Visual Studio Codeが起動した

🖳 macOS にインストールするとき

macOSにインストールするときは、以下の手順で行ってください。

1. 公式サイトへアクセス

Visual Studio Codeの公式サイト（https://code.visualstudio.com/）にアクセスします。

2. インストーラーをダウンロード

［Download for Universal］ボタンをクリックします。

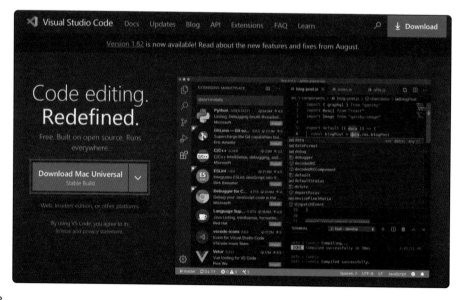

3. インストーラーの実行

ダウンロードした「.zip ファイル」を開き、圧縮解除します。すると、「Visual Studio Code.app」が表示されます。このアプリケーションを、Applications フォルダにドラッグ＆ドロップしてインストールします。

Applications フォルダに
ドラッグ＆ドロップ

4. Visual Studio Code の起動

Applications フォルダから「Visual Studio Code」をダブルクリックして起動します。

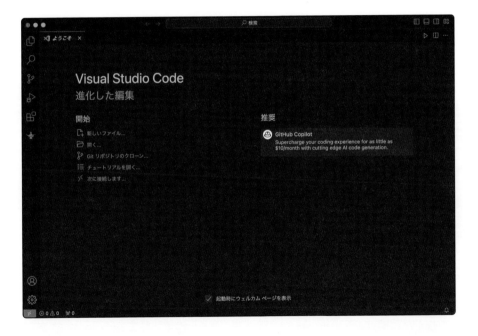

 Visual Studio Code（以降VSCode）がインストールできたら、これに Python が使える設定をしよう。

え？　最初から Python は使えないの？

VSCodeは、Pythonだけでなく、いろいろな用途で使えるエディタだ。
JavaScriptやJava、C#、Swift、PHPなどのプログラミング言語や、
HTMLやCSS、Markdownなどにも使えるんだ。

へぇ〜。なんでもできるのね。

 でも、最初からなんでも使える状態にするとアプリが巨大になってしまう
ので、自分に必要なものだけを選んでインストールするんだよ。

🎮 Python環境のインストール

1. 拡張機能を開く
左サイドバーの四角が4つあるアイコン（Extension）をクリック（❶）します。

2. Python拡張機能のインストール
上に表示されている検索ボックスに「Python」と入力し（❷）、Microsoftが提供するPython拡張
機能を見つけて［Install（インストール）］ボタンをクリック（❸）します。

3. 日本語環境のインストール

上に表示されている検索ボックスに「Japan」と入力（❶）し、「Japanese Language Pack for VS Code」を見つけて［Install（インストール）］ボタンをクリック（❷）します。

4. 自動で日本語化されないときは

通常はVSCodeを再起動をすると自動で日本語化されますが、日本語化されない場合は、［View］➡［Command Palette...］を選択して、表示される検索窓に「display」と入力し、検索します。

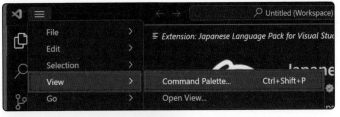

表示された［Configure Display Language］を選択して、［日本語（ja）］を選択して、再起動します。

では最後に、**プログラムを作りやすくする準備**をしよう。パソコンにプログラムを入れるフォルダを作り、その中にプログラムを作っていくんだ。

 フォルダを作るの？

 VSCodeでそのフォルダを開いた状態にしておけば、VSCodeからファイルを作ったり開いたりしやすくなるんだ。簡単なPythonのプログラムを作って環境ができたことを確かめよう。

フォルダを作って試運転

 以下の手順で、フォルダを作って、Pythonプログラムの試運転を行おう。

1. フォルダの作成方法

Windowsの場合

エクスプローラーを開き、作業を行いたい場所（例：ドキュメント、デスクトップなど）に移動します。空きスペースを右クリックして、メニューから［新規作成］を選び、［フォルダー］をクリックします。「新しいフォルダー」という名前が付いたフォルダが作成されるので、これを「mypython」という名前に変更します。

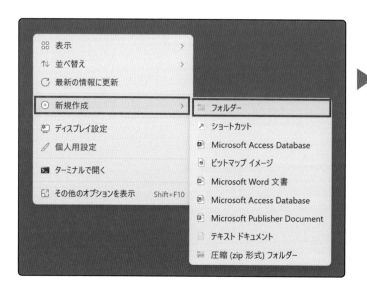

新規フォルダを作成して名前を変更

macOS の場合

Finderを開き、作業を行いたい場所（例：ドキュメント、デスクトップなど）に移動します。Finderのメニュー［ファイル］➡［新規フォルダ］を選択します。「名称未設定フォルダ」という名前が付いたフォルダが作成されるので、これを「mypython」という名前に変更します。

新規フォルダを作成して名前を変更

2. VSCodeでmypythonフォルダを開く

VSCodeを起動し、［ファイル］➡［フォルダーを開く］を選択し、先ほど作成した「mypython」フォルダを選択して開きます。

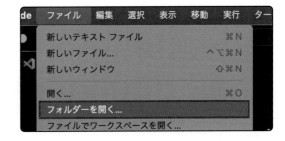

3. test101.pyファイルの作成

VSCode左側のエクスプローラービューの上にある［新しいファイル］ボタンをクリックすると、新しいファイルが作成されるので、このファイルに「**test101.py**」という名前を付けます。

4. Pythonのバージョン確認

Pythonのファイルを開くと、VSCode右下に実行するPythonのバージョンが表示されます。以前Pythonをインストールしたことがある人は、今回インストールしたPythonのバージョンと同じものが適用されているか確認してください。

もし違う場合は、このバージョンをクリックすると、VSCodeの上に「そのパソコンに入っているPythonのバージョンの一覧」が表示されます。インストールしたバージョンを選択してください。すると、右下のバージョンが切り替わります。

5. プログラムの記述

「**test101.py**」ファイルに、以下のPythonプログラムを書いてください。

📄 入力プログラム（test101.py）

```python
print("Hello OOP!")
```

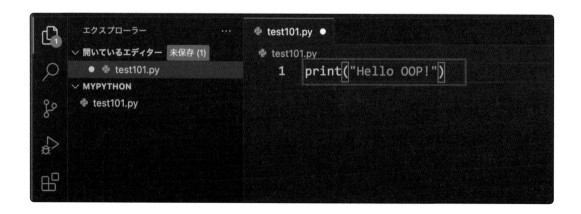

［ファイル］➡［保存］を選択して、ファイルを保存します。

6. プログラムの実行

右上にある［Run Code］ボタンをクリックします。すると、下のターミナルに「**Hello OOP!**」というメッセージが表示されます。

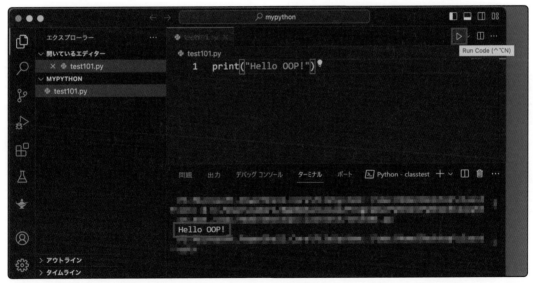

「Hello OOP!」って、表示された〜！

 では、VSCodeの試運転は完了だ。

V SCodeのフォントサイズやテーマカラーを変更し、使いやすくカスタマイズしてみましょう。

フォントサイズの変更

エディタの文字サイズをもっと大きくしたり、小さくしたり変更することができます。

1. 左下の歯車ボタンを押して［設定］を選択します。

2. 検索窓で「font size」と入力すると、［Editor: Font Size］が表示されるのでフォントサイズを入力します。

3. エディタ画面に戻るとフォントサイズが変更されました。

エディタのフォントサイズが変わった

ウィンドウのズームレベルの変更

エディタ部分だけでなくエクスプローラーなどの文字サイズも変えたいときは、以下の
ショートカットキーでウィンドウのズームレベルを変更できます。

Windows：[Ctrl] + [+] キーと [Ctrl] + [-] キー
macOS：[Command] + [+] キーと [Command] + [-] キー

テーマカラーの変更

VSCodeのテーマカラーをダークモードやライトモードなど、好きな色に変更すること
ができます。

1. ［表示］ ➡ ［コマンドパレット］ を選択します。
   または、[Ctrl] + [Shift] + [P] キー（macOSの場合は [Command] +
   [Shift] + [P] キー）を押します。

2. 検索窓が表示されるので、「color theme」と入力し、[基本設定：配色テーマ] を
選択します。

3. すると、「配色テーマ」のリス
トが表示されるので、上下
キーで移動するとエディタの
配色が変わりプレビューでき
ます。[Enter] キーをクリッ
クすると決定されます。

2

オブジェクト指向の きほん

オブジェクト指向プログラミングに欠かせないクラス（設計図）とインスタンス（動く部品）のほか、効率的にプログラミングするための三大要素について、お手伝いロボットを作りながらじっくり学んでいきましょう。

CHAPTER
2.1
クラスの作り方と使い方
クラスとインスタンス

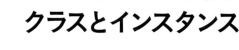
いろいろな用語が
出てくるので
整理しながら
読み進めましょう。

 オブジェクト指向プログラミングのきほん

 では、オブジェクト指向プログラミング（以降OOP）について説明していくよ。

よろしくお願いしま〜っす！

 まずは、**基本となる考え方**だけど、OOPは、「**複雑なことを、部品に分けて作る**」という考え方だったよね。

人類の知恵、なんだよね。

 その部品のことを「**オブジェクト（object【意味：もの】）**」と呼んでいる。**オブジェクト（もの）に焦点を当ててプログラミングしていくから、「オブジェクト指向プログラミング」**というんだ。

「指向」って、「モノを目指している」じゃなく、「モノに焦点を当てる」って意味なのか。

 OOPは、複雑なしくみを作るのに適しているんだけど、じゃあ**現実世界にある複雑なことを扱おう**と考えたとき、コンピュータには目や耳や鼻はないので、現実世界のものをそのまま認識することはできない、という問題がある。

なんで？　カメラとかマイクが付いてるじゃない。

そうなんだ。カメラやマイクで映像や音声を入力できるけど、このとき入力されるのは「数値化されたデジタルデータ」だ。つまり**コンピュータに入力されるのは「データ」だけ**なんだ。

そっか。**データ化されたもの**が入っていくんだね。

コンピュータにとっては、**データこそが現実世界を知るための手段**なんだ。だから〇〇Pでも、データ中心で考えていく。「**そのオブジェクトは、どんなデータを持つのか？**」「**そのデータでどんな処理をするのか？**」と考える必要がある。つまり、オブジェクトは、「**データ**」と「**その処理**」のセットで仕事をするんだ。

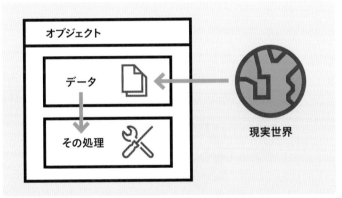

オブジェクトは、「データ」と「処理」のセットで仕事をする

さてさて、このオブジェクトをどうやって作るかなんだけど、二段階で作っていくんだよ。まず「**設計図**」を作り、次にその設計図から「**動く部品**」を作るんだ。

なんで？　動く部品をいきなり作ったら簡単なんじゃないの？

〇〇Pは、**同じ部品をたくさん作って組み合わせて**作ることが多い。たくさんの部品で複雑なシステムを作るんだね。そういう作り方なので、まず「設計図」を書いておいて、そこから「動く部品」をたくさん作り出すほうが便利なんだ。

部品工場みたいな感じだね。

さらに部品に分けて作ることで、問題があったときに調べやすいんだ。**機能に問題があるのか、使い方に問題があるのか**を分けて考えられる。機能に問題があれば「設計図」を、使い方に問題があれば「動く部品を使っているところ」を調べればいいというわけだ。

考えてるねー。

○○Pでは、この「設計図」のことを「**クラス**」と呼び、設計図からできた「動く部品」のことを「**インスタンス**」と呼ぶんだよ。この名前はこれからよく出てくるから覚えておこう。

クラスとインスタンス

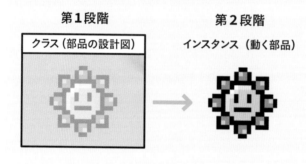

「クラス」と「インスタンス」？ クラスって、学校のクラスとか関係あるの？

いいや、ぜんぜん違うものだよ。別ものと考えよう。しいて言うなら、○○Pのクラスは「同じ部品を生み出す設計図」、学校のクラスは「同じ教室で学ぶ生徒」なので、どちらも**ある種のグループやカテゴリを定義するもの**」という意味では少し似てるかな。

了解。じゃあ、**クラス＝設計図**ね。で、その設計図にはなにを書くの？

クラスに書くものは2つ。「どんなデータを持つのか?」と「どんな処理をするのか?」だよ。

あっ、さっき言ってたやつだ。

○○Pでは、オブジェクトが持つデータのことを「**プロパティ**」、そのデータを処理する機能のことを「**メソッド**」と呼ぶんだよ。

なんか、どんどん新しい名前が出てくる〜。

聞き慣れない名前は変な感じがするよね。ゆっくり慣れていけばいいよ。

プロパティとメソッド

オブジェクト	
プロパティ	そのオブジェクトがどんなデータを持つのか?
メソッド	そのオブジェクトがどんな処理をするのか?

敵オブジェクト

どんなデータを持つのか?
・表示位置
・移動方向
・HP残量

どんな処理をするのか?
・少しずつ移動
・主人公に衝突して攻撃

以上が基本的な考え方だ。では次は**プログラムの書き方**について説明しよう。ただし**この書き方はプログラミング言語によって少しずつ違う**んだよ。

わたし、Pythonなら少しだけできるよ。

そうだったよね。だから、**Pythonを使ってクラスの書き方**を見ていくことにしよう。クラスは先頭に**class**と書いて、以下のように書くんだよ。

クラスの作り方

```
class クラス名:
    def __init__(self, 初期値):
        self.プロパティ名 = 初期値

    def メソッド名(self):
        実行内容
```

クラスってこんな書き方なのか～。プロパティの前に「**self**」って付いてるけど、これはなに? 「**セルフ…自分自身**」って誰のこと?

selfは〇〇Pで重要な概念だよ。クラスは設計図で、その設計図から同じ部品をたくさん作っていくよね。ただし、できたものは「同じ部品」だけど「**状態**」はそれぞれ違う。例えば、同じ「ノート」が4つあったとしても、「国語ノート」「数学ノート」「英語ノート」「日記ノート」などと、用途が違ったりする。

そっか、同じノートでも使い方は違うよね。

でも同じノートだから、区別する必要がある。「それが何のノートか」、それぞれのノートの表紙に直接書くでしょう。表紙に番号だけ書いて、「何番が何のノートか」って別のメモに書いたりはあまりしないよね。

そんなめんどくさいことしないよ。**そのノートのことはそのノートに書かないと使いにくいもん。**

そうだよね。インスタンスも同じなんだ。**インスタンスのデータは、他で管理するんじゃなくて、それぞれ個別のインスタンスが、それぞれ「自分自身」で持っている**ほうが使いやすい。selfとは、それぞれの「自分自身」のことを指すselfだ。つまり、**self.プロパティとは、インスタンスそれぞれが持っているプロパティ**という意味なんだ。
インスタンスによってそれぞれ中身が違うんだよ。

self.プロパティって、インスタンスが変わると中身も変わるのね。

 そうなんだよ。ただし、「**self**」という名前が使われているのはPythonだけで、Javaや他の多くの言語では「**this**」が使われている。ややこしいけど、同じ意味だよ。

えー、違ったりするの？　そろえておいてほしいなあ。

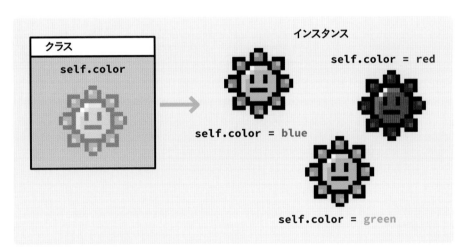

self.プロパティ…それぞれのインスタンスが持っているプロパティ

 ここまでクラスの作り方を見たから、次は**インスタンスを作る書き方とインスタンスを動かす方法**を見ていくよ。「**インスタンス名　=　クラス名()**」と書けば、インスタンスを作れる。そして、「**インスタンス名.メソッド名()**」と命令して、インスタンスが持つメソッド（処理）を実行させるんだ。

インスタンスの作り方と実行方法

```
インスタンス名 ＝ クラス名 ( )
インスタンス名 . メソッド名 ( )
```

 書式の説明だけだとイメージしにくいので、実際に作ってみようか。例として、**「お手伝いロボ」**を作るよ。説明のための例だから、本当のお手伝いはできないけれど、ちょっと楽しそうでしょ。

かわいいお手伝いロボがいいな。

 この「お手伝いロボ」を作るときも、**「どんなデータを持つのか?」**と**「どんな処理をするのか」**という2つのポイントで考えていくよ。

なるほどなるほど。

 例えば、お手伝いロボが**「どんなデータを持つのか?」**は、「名前、バッテリー残量、仕事の名前」としよう。そして**「どんな処理をするのか?」**は、「ロボの情報を報告する」だ。

名前があるってことは、かわいい名前も付けられるのね!

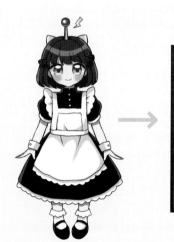

```
・プロパティ（どんなデータを持つのか）
name ＝ ココア
job ＝ お手伝い
battery ＝ 100%
```

```
・メソッド（どんな処理をするのか）
show_info ＝ 名前と仕事、充電残量を答える
```

それでは、実際にプログラムを書いてみよう。まず、以下の手順で新規ファイルを作って準備するよ。

ファイルの作成手順

1. VSCodeを起動します。
2. ［ファイル］➡［フォルダーを開く］でプログラムを保存するフォルダを選択します。
3. VSCodeのエクスプローラービューの上にある［新しいファイル］ボタンをクリックして、ファイル名を入力します。今回は、「**test201.py**」という名前にしましょう。

はい。新しいファイルができました！

このファイルに、Pythonのプログラムを書いていくよ。お手伝いロボのクラスは以下のプログラムだ。入力してみよう。わかりやすくするために説明用のコメントも付けているよ。もし入力が大変なら「**# コメント**」の部分は省略してもいいよ。

📄 入力プログラム（test201.pyの前半）

```
1  class Robot: #【お手伝いロボ】
2      def __init__(self, name, battery):  ── クラスの初期化
3          # プロパティ：どんなデータを持つのか？
4          self.job = "お手伝い"
5          self.name = name                ── それぞれのプロパティーの初期設定
6          self.battery = battery
7
8          # メソッド：どんな処理をするのか？
9      def show_info(self):  ── メソッド名をshow_infoに設定
10         print(f"私は「{self.name}」です。仕事は{self.job}で、充電残量は
           {self.battery}です。")  ── メソッドが呼び出されたときに何をするかを設定
```

これが**お手伝いロボクラス**ね。

これはまだクラス（設計図）だから、このプログラムだけでは動かない。インスタンスを作って、命令してはじめて動くんだ。このクラスの下に、**2行追加**するよ。それが以下のプログラムだ。そして、右上の［Run Code］ボタンをクリックしよう。実行結果が表示されるよ。

 入力プログラム（test201.py）

```python
1  class Robot: #【お手伝いロボ】
2      def __init__(self, name, battery):
3          # どんなデータを持つのか？
4          self.job = "お手伝い"
5          self.name = name
6          self.battery = battery
7
8      # メソッド：どんな処理をするのか？
9      def show_info(self):
10         print(f"私は「{self.name}」です。仕事は{self.job}で、充電残量は
               {self.battery}です。")
11
12 robot1 = Robot("ココア", 100) # Robot1を作る  ── Robotクラスからrobot1を作る
13 robot1.show_info()  ── 作ったrobot1にメソッドを命令
```

出力結果

私は「ココア」です。仕事はお手伝いで、充電残量は100です。

ココアちゃんっていうのね。しゃべったよ〜！

 = Robot("ココア", 100)

さて、〇〇Pのいいところは、**クラスからインスタンスを簡単にたくさん作れる**ところだ。今のプログラムを修正して、お手伝いロボを2体作るよ。修正するところは最後の2行、「インスタンスを作って命令するところ」だけだ。

それだけ？

最後の2行を以下のように修正して、実行してみよう。

プログラムの修正箇所：（test202.py）

```
12  robot1 = Robot("ココア", 100)   # Robot1を作る
13  robot2 = Robot("ラテ", 80)      # Robot2を作る
14  robot1.show_info()
15  robot2.show_info()
```

出力結果

私は「ココア」です。仕事はお手伝いで、充電残量は100です。
私は「ラテ」です。仕事はお手伝いで、充電残量は80です。

ラテちゃんもこんにちは〜！

   =   Robot("ココア", 100)

   =   Robot("ラテ", 80)

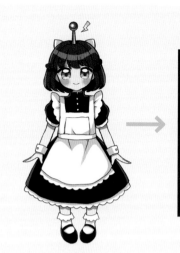 →

・プロパティ（どんなデータを持つのか）
name = ココア
job = お手伝い
battery = 100%

・メソッド（どんな処理をするのか）
show_info = 名前と仕事、充電残量を答える

 →

・プロパティ（どんなデータを持つのか）
name = ラテ
job = お手伝い
battery = 80%

・メソッド（どんな処理をするのか）
show_info = 名前と仕事、充電残量を答える

＝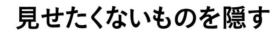

〇〇Pの三大要素
カプセル化に
ついて
説明していきます。

CHAPTER
2.2
カプセル化
見せたくないものを隠す

 〇〇Pの特徴についてなんだけど、〇〇Pには効率的にプログラミングを行うための三大要素がある。それが「**カプセル化**」「**継承**」「**ポリモーフィズム**」だ。

またまた難しい名前がでてきたぞ。

 専門用語って、最初は抵抗を感じるけど、「**何のためにあって**」「**いつ使うのか**」がわかれば、少しは抵抗感が減ると思うよ。それをまとめたのがこれだ。

〇〇Pの三大要素

	カプセル化	継承	ポリモーフィズム
何のためにあるのか 	・見せたくないものを隠して保護する	・クラスを拡張して新しいクラスを作る	・違うものも同じ命令で扱えるようにする
いつ使うのか 	・内部の詳細を隠して、使いやすくしたいとき	・似た性質の新しいものを作りたいとき	・いろんなオブジェクトを同じ方法で扱いたいとき

2

オブジェクト指向のきほん

ん〜。ちょっと抵抗感が減った気もするけど、ぜんぜんよくわかんないや。

 これから、少しずつ説明していくよ。

カプセル化

 まずは「**カプセル化**」だ。「**内部の詳細を隠して、使いやすくしたいとき**」に
使うんだ。

なんで中身を隠したいの？

 例えばお手伝いロボで考えてみよう。お手伝いロボの開発者でない人が、
直接ロボの「**おなか**」のフタを開けて、**直接部品を操作する**って危ないと思
うでしょう。適当に変更してしまったら、ロボを壊してしまうかもしれないよね。

いや〜っ！　ココアちゃんの「おなか」を開けないで！

 同じようにオブジェクトの「おなか」を開けて、直接データを変更するのも危
険なことだ。だから、外部からプロパティを直接変更できないようにする。そ
れが「**カプセル化**」だ。プロパティを、いわば**カプセルに入れて、直接触れ
ないようにしてしまう**という作り方だ。

オブジェクトの「おなか」にフタをしちゃうのね。

 実験してみるよ。まず、❶お手伝いロボの**battery**の値を10000に増やし
てみよう。さっきのプログラムの最後を修正するよ。

📄py プログラムの修正箇所（test203.py）

```
12  robot1 = Robot("ココア", 100)  # Robot1を作る
13  robot2 = Robot("ラテ", 80)      # Robot2を作る
14  robot1.battery = 10000  # おなかを開けて危険に変更！ — ❶robot1のバッテリーを増やす
15  robot1.show_info()
16  robot2.show_info()
```

出力結果

> 私は「ココア」です。仕事はお手伝いで、充電残量は**10000**です。
>
> 私は「ラテ」です。仕事はお手伝いで、充電残量は**80**です。

 ギャー！　充電残量10000って。ココアちゃん大丈夫？　てか、「おなか」の中を外から変更できてるじゃない！

 そうなんだ。Pythonでは、以下の書き方のままだと外部から直接プロパティの値を変更できてしまう。

値を直接変更できるクラスの作り方

```
class クラス名：
    def __init__(self, 初期値)：
        self.プロパティ名 = 初期値
```

 だから、直接変更できないように、プロパティの名前の先頭に_を付けるんだよ。具体的には、プロパティを以下のように書くんだ。

値を直接変更できないクラスの作り方

```
class クラス名：
    def __init__(self, 初期値)：
        self._プロパティ名 = 初期値
```

 これが、Pythonで直接変更できなくする方法だ。本当は、**先頭に _ が付いた変な名前**になっているだけなので、この名前でアクセスすると変更できちゃうんだけど、「**先頭にわざわざ"_"を付けているプロパティは、触って欲しくないってことだから直接触らないようにしてね**」という紳士協定なんだ。

紳士的なプログラミングなわけね。でも、紳士的に見ないようにするとして、それでも値を知りたいときはどうするの？

そういうとき、外部から値を見られるようにするのが「**ゲッターメソッド**」だ。「**@property**」と書いてから、次の行に**プロパティの名前のメソッド**を書く。するとこのメソッドが、外部からはプロパティとして扱えるんだ。

ゲッターメソッド

```
@property
def プロパティ名(self):
    return self._プロパティ名
```

このゲッターメソッドは「**値を見るとき専用**」なので、「**値を入れるとき**」には使えない。値を入れようとするとエラーになるんだ。

え、エラーになるの？

だって、**値は見れるけれど、変更できないしくみ**だからね。実際に試してみようか。お手伝いロボのクラスを以下のように変更して、実行してみよう。

❶メソッドの前にプロパティを追加するのね。

 プログラムの修正箇所：（test204.py）

```
1  class Robot:  #【お手伝いロボ】
2      def __init__(self, name, battery):
3          # どんなデータを持つのか？
4          self._job = "お手伝い"
5          self._name = name
6          self._battery = battery
```

—— プロパティの前に _ を追加して直接値を
変更できないように修正

```
7
8     # プロパティ：値を返すのみ ── ❶プロパティの値を確認するためのゲッターメソッドを追加
9     @property
10    def job(self):
11        return self._job
12    @property
13    def name(self):
14        return self._name
15    @property
16    def battery(self):
17        return self._battery
18
19    # メソッド：どんな処理をするのか？
20    def show_info(self):
21        print(f"私は「{self._name}」です。仕事は{self._job}で、 充電残量は
          {self._battery}です。")
22
23 robot1 = Robot("ココア", 100)  # Robot1を作る
24    :
```

📄 出力結果

```
Traceback (most recent call last):
  File "/Users/.../test204.py", line 25, in <module>
    robot1.battery = 10000  # おなかを開けて危険に変更！
AttributeError: property 'battery' of 'Robot' object has no
  setter
```

 あれれ、ほんとだ。エラーが出て止まっちゃったよ。

 間違ったことをしたから、「正しいプログラムに修正してください」というエラーが出たんだね。

なるほどね。じゃあ外から値を変更したいって場合はどうしたらいいの？

そのときは、「**セッターメソッド**」を使うんだ。セッターメソッドは、「**@プロパティ名.setter**」と書いてから、次の行に**プロパティのメソッド**を書いて、その中で値を変更するプログラムを書く。以下のように書くよ。

セッターメソッド

```
@プロパティ名.setter
def プロパティ名(self, 値):
    self._プロパティ名 = 値
```

ただし、このままだとせっかく外部からを直接触れないようにしたのに、また危険な状態になってしまう。だから、一般的には**入力された値をチェック**してから使うことが多い。❶プログラムの**battery**のプロパティとメソッドの間、19行目から以下のように追加して実行してみよう。

py プログラムの修正箇所：（test205.py）

```
19    #プロパティ：値を入れる ── ❶プロパティに値を追加するためのセッターメソッドを追加
20    @battery.setter
21    def battery(self, value):
22        if 0 <= value <= 100:
23            self._battery = value
24        else:
25            print("注意：batteryの値は、0〜100にしてください。")
              └── 入力された値が正しい(0〜100)かをチェック。正しくなければ注意文を表示
```

出力結果

注意：batteryの値は、0〜100にしてください。
私は「ココア」です。仕事はお手伝いで、充電残量は100です。
私は「ラテ」です。仕事はお手伝いで、充電残量は80です。

今度は注意文が出たけど、プログラムは止まらずに動いたね。

■

さて、次はロボにお手伝いの仕事をする❶do_workメソッドを追加して
みよう。もし本当に仕事をしたとしたらバッテリーを消費するので、❷
バッテリーの値を少し減らすよ。

❸「仕事をして」ってお願いするのね。

メソッドのところから下を、以下のように変更して実行しよう。

📄 py プログラムの修正箇所：（test206.py）

```
30
31      def do_work(self):  ──── ❶do_workメソッドを追加
32          self._battery -= 10  ──── ❷実行されたら_batteryを「-10」消費
33          print(f"{self._name}は、お手伝いをしました。充電残量は
            {self._battery}です。")
34
35  robot1 = Robot("ココア", 100)  # Robot1を作る
36  robot2 = Robot("ラテ", 80)     # Robot2を作る
37  robot1.show_info()
38  robot2.show_info()
39  print("【仕事を命令】")
40  robot1.do_work()┐
41  robot2.do_work()┘ ──── ❸do_workメソッドを実行
```

✅ 出力結果

私は「ココア」です。仕事はお手伝いで、充電残量は100です。

私は「ラテ」です。仕事はお手伝いで、充電残量は80です。

▶次ページに続きます

【仕事を命令】
ココアは、お手伝いをしました。充電残量は90です。
ラテは、お手伝いをしました。充電残量は70です。

お仕事したから、バッテリーが減ったね。でも、〇〇Pのプログラムって、
なんだか複雑で長いのね。

 これは簡単なプログラムだったので複雑さが目立ったかもしれないけど、
本当に複雑なプログラムの場合には、この書き方で管理がしやすくなる
んだよ。これって「**簡単なプログラムで〇〇Pの利点を説明するときの難
しさ**」なんだよねぇ。

先生って大変ね。がんばれ〜。

継承は
元となる機能を
引き継いで
効率的に新しい
クラスを作れます。

CHAPTER

2.3

継承
クラスを拡張して
新しいクラスを作る ……

さて、〇〇Pの三大要素の2つ目は「**継承**」だ。「**似た性質の新しいも
のを作りたいとき**」に使う。例えば、すでに「敵クラス」があって、「少
し違う敵クラス」を作りたいときなどに使えるよ。

なんか便利そうだけど、どういうこと？

すでにある「敵クラス」は、攻撃や移動といった基本的な行動を持って
いるよね。そんなとき、「少し違う敵クラス」を作りたいときにほとんど敵
クラスと同じなのに、また同じ機能を書いていくのは大変だよね。

うん、なんか二度手間だね。

そんなときは「継承」を使うのが便利なんだ。**元となる「敵クラス」のす
べての機能を引き継いで「新しい敵クラス」を作り、そこで機能を少し
変更したり、新しい機能を追加したりできるんだ。**

なるほど。効率的に新しい敵を作れるね。

しかも、もし元の「敵クラス」を更新したり修正すれば、それは自動的に
継承されたクラスにも反映されるんだ。

元のクラスを修正するだけで、自動アップデートされるのね。便利〜。

この「継承の元になるクラス」のことを「**親クラス**」「**基底クラス**」「**スーパークラス**」などと呼ぶんだ。そして「**継承してできたクラス**」のことを「**子クラス**」「**派生クラス**」「**サブクラス**」などと呼ぶ。いろいろな呼び方があるけれど、これらは使用されるプログラミング言語や開発者の視点などによって変わったりするよ。

「**親クラス**」と「**子クラス**」か。かわいくてわかりやすいね。

継承の元になるクラスの呼び方

・親クラス（Parent Class）
・基底クラス（Base Class）
・スーパークラス（Superclass）

継承してできたクラスの呼び方

・子クラス（Child Class）
・派生クラス（Derived Class）
・サブクラス（Subclass）

これを継承

その継承は、以下のように書くんだ。

継承の作り方

```
class 子クラス名 ( 親クラス名 ):
    def __init__(self, 初期値):
        super().__init__( 初期値 )
        self.プロパティ名 = このクラスでの値
```

ん？　クラスを作るときと同じように見えるけど、どこが違うの？

「**class** 子クラス名」のうしろに「**(親クラス名)**」ってあるでしょう。ここに「**どの親クラスを元に作るか**」を書くだけで、継承できるんだ。

超簡単。

「**super().__init__(初期値)**」と書いてあるけれど、これは子クラスを初期化するときに、親クラスの初期化を呼び出して実行しているんだ。親クラスでプロパティの初期値を設定していた場合、子クラスでも同じ初期値の設定ができるというわけだ。

この「**super**」って、スーパークラスの super なのね。

では、❶「お手伝いロボ」を継承して、「お料理ロボ」と「お掃除ロボ」を作ってみよう。**Robot** クラスの次に、以下のプログラムを追加して、実行してみよう。❷【仕事の命令】も次のように書き換えるよ。

Robot()

これを継承

CookingRobot(Robot)

CleaningRobot(Robot)

```
34
35  class CookingRobot(Robot):  #【お料理ロボ：お手伝いロボを継承】  ──❶継承した
36      def __init__(self, name, battery):                              クラスを作る
37          super().__init__(name, battery)
38          self._job = "お料理"
39
40  class CleaningRobot(Robot):  #【お掃除ロボ：お手伝いロボを継承】
41      def __init__(self, name, battery):
42          super().__init__(name, battery)
43          self._job = "お掃除"
44
45  robots = []  ── 空のリストを作る
46  robots.append(Robot("ココア", 100))
47  robots.append(Robot("ラテ", 80))                          ── リストにインスタンスを
48  robots.append(CookingRobot("シェフィ", 100))                  追加する
49  robots.append(CleaningRobot("スウィーピー", 100))
50
51  for robot in robots:  ── ❷仕事の命令を書き換える
52      robot.show_info()
53  print("【仕事を命令】")
54  for robot in robots:
55      robot.do_work()
```

📄 出力結果

私は「ココア」です。仕事はお手伝いで、充電残量は100です。

私は「ラテ」です。仕事はお手伝いで、充電残量は80です。

私は「シェフィ」です。仕事はお料理で、充電残量は100です。

私は「スウィーピー」です。仕事はお掃除で、充電残量は100です。

【仕事を命令】

ココアは、お手伝いをしました。充電残量は90です。

ラテは、お手伝いをしました。充電残量は70です。

シェフィは、お手伝いをしました。充電残量は90です。

スウィーピーは、お手伝いをしました。充電残量は90です。

シェフィちゃんもスウィーピーちゃんも、こんにちは〜。お料理とお掃除よろしくね〜。

 = CookingRobot("シェフィ", 100)

 = CleaningRobot("スィーピー", 80)

この子たちは
私を継承して作られました

ポリモーフィズム：違うものも同じ命令で扱えるようにする

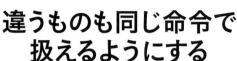

新しい要素がどんどん出てくるけど、一つひとつ覚えていきましょう。

そして、OOPの三大要素の3つ目は、「**ポリモーフィズム**」だ。「**いろんなオブジェクトを同じ方法で扱いたいとき**」に使うよ。

ポリ？　モーフィズム？　へんな名前〜。

ポリモーフィズムは、ギリシャ語で「多くの形」という意味なんだけど、そこからプログラミングの世界では、**多くの違う形のオブジェクトを同じ方法で扱う**という意味で使われるんだ。

同じ方法で扱う、ってどういうこと？

「お手伝いロボ」は、**do_work**メソッドを実行すると「お手伝いをしました」と言ったよね。「お手伝いロボ」を継承した「お料理ロボ」と「お掃除ロボ」でも、**do_work**メソッドを実行すると「お手伝いをしました」と言った。

do_workは、「仕事をして」の命令だからね。

でもポリモーフィズムを使えば、同じ**do_work()**メソッドを実行したとしても、「お料理ロボ」の場合は「昼食を作りました」、「お掃除ロボ」の場合は「庭の掃除をしました」と言わせることができるんだ。**命令する側は、それぞれのロボがどんな仕事をするのか気にせず、ただdo_work()を呼び出すだけ**で、それぞれのロボが自分の役割にあわせて動作するのがポリモーフィズムなんだ。

仕事をして

お手伝いをしました

庭の掃除をしました

昼食を作りました

なるほど。ロボの数にあわせていろいろな命令を追加しなきゃいけないのはめんどくさいもんね。

このおかげで、新しいロボをさらに追加するときも、統一性のあるプログラムで書くことができるんだ。

プログラムがシンプルでわかりやすくなるのね。

ポリモーフィズムを作る方法も簡単だよ。**子クラスの中に、親クラスと同じ名前のメソッドを書くだけ**でいいんだ。

親クラスと同じ名前のメソッド？

ポリモーフィズムの作り方

```
def 親クラスと同じ名前のメソッド(self):
    このクラスでの実行内容（親クラスのメソッドを上書きする）
```

子クラスは、親クラスのメソッドをすべて引き継いでいるので、メソッドを書かなくても実行できる。お手伝いロボを継承したお料理ロボやお掃除ロボは**do_work**メソッドは書いてなくても、実行できるんだ。

ちゃんと「お手伝いをしました」って言ったもんね。

しかし、**あえて同じ名前でメソッドを書くと**、親クラスから継承したメソッドを上書きしてしまえるんだ。つまり、**同じ名前のメソッドで、違う仕事をさせることができる**というわけだ。

新しいロボ専用の仕事をさせることができるわけね。

そうなんだ。というわけで、それぞれ違う仕事をさせてみよう。❶お料理ロボは「昼食を作りました」という。バッテリー消費量は20。❷お掃除ロボは「庭の掃除をしました」という。バッテリー消費量は30。これをそれぞれクラスに**do_work**メソッドとして書いて、実行するよ。

📄 プログラムの修正箇所：（test208.py）

```
35  class CookingRobot(Robot):  #【お料理ロボ：お手伝いロボを継承】
36      def __init__(self, name, battery):
37          super().__init__(name, battery)
```

```
38          self._job = "お料理"
39
40      def do_work(self): # 仕事をする ──── ❶
41          self._battery -= 20
42          print(f"{self._name}は、昼食を作りました。充電残量は
               {self._battery}です。")
43
44  class CleaningRobot(Robot): #【お掃除ロボ：お手伝いロボを継承】
45      def __init__(self, name, battery):
46          super().__init__(name, battery)
47          self._job = "お掃除"
48
49      def do_work(self): # 仕事をする ──── ❷
50          self._battery -= 30
51          print(f"{self._name}は、庭の掃除をしました。充電残量は
52              {self._battery}です。")
53  robots = []
54  robots.append(Robot("ココア", 100))
```

📄 出力結果

私は「ココア」です。仕事はお手伝いで、充電残量は100です。

私は「ラテ」です。仕事はお手伝いで、充電残量は80です。

私は「シェフィ」です。仕事はお料理で、充電残量は100です。

私は「スウィーピー」です。仕事はお掃除で、充電残量は100です。

【仕事を命令】

ココアは、お手伝いをしました。充電残量は90です。

ラテは、お手伝いをしました。充電残量は70です。

シェフィは、昼食を作りました。充電残量は80です。

スウィーピーは、庭の掃除をしました。充電残量は70です。

2

オブジェクト指向のきほん

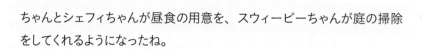

ちゃんとシェフィちゃんが昼食の用意を、スウィーピーちゃんが庭の掃除
をしてくれるようになったね。

　プログラムの完成版を書いておくよ。

PY　完成版プログラム（test208.py）

```python
class Robot:  #【お手伝いロボ】
    def __init__(self, name, battery):
        # どんなデータを持つのか?
        self._job = "お手伝い"
        self._name = name
        self._battery = battery

    # プロパティ:値を返すのみ
    @property
```

```python
10      def job(self):
11          return self._job
12      @property
13      def name(self):
14          return self._name
15      @property
16      def battery(self):
17          return self._battery
18
19      #プロパティ：値を入れる
20      @battery.setter
21      def battery(self, value):
22          if 0 <= value <= 100:
23              self._battery = value
24          else:
25              print("注意：batteryの値は、0〜100にしてください。")
26
27      #  メソッド：どんな処理をするのか？
28      def show_info(self):
29          print(f"私は「{self._name}」です。仕事は{self._job}で、
                 充電残量は{self._battery}です。")
30
31      def do_work(self):
32          self._battery -= 10
33          print(f"{self._name}は、お手伝いをしました。充電残量は
                 {self._battery}です。")
34
35  class CookingRobot(Robot):  #【お料理ロボ：お手伝いロボを継承】
36      def __init__(self, name, battery):
37          super().__init__(name, battery)
38          self._job = "お料理"
39
40      def do_work(self):  # 仕事をする
```

▶次ページに続きます

```
41          self._battery -= 20
            print(f"{self._name}は、昼食を作りました。充電残量は
42              {self._battery}です。")

43

44  class CleaningRobot(Robot):  #【お掃除ロボ：お手伝いロボを継承】
45      def __init__(self, name, battery):
46          super().__init__(name, battery)
47          self._job = "お掃除"

48

49      def do_work(self):  # 仕事をする
50          self._battery -= 30
            print(f"{self._name}は、庭の掃除をしました。充電残量は
51              {self._battery}です。")

52

53  robots = []
54  robots.append(Robot("ココア", 100))
55  robots.append(Robot("ラテ", 80))
56  robots.append(CookingRobot("シェフィ", 100))
57  robots.append(CleaningRobot("スウィーピー", 100))

58

59  for robot in robots:
60      robot.show_info()
61  print("【仕事を命令】")
62  for robot in robots:
63      robot.do_work()
```

3

pygameで
動かそう

pygameは「ゲームを作れるライブラ
リ」です。キー操作で主人公を動かす
ゲームや、シューティングゲームなどを
作ることができます。pygameをインス
トールして、まずは簡単な使い方から
確認していきましょう。

> pygameを
> インストールすると
> Pythonでゲームを
> 作れるように
> なります。

pygameはゲームを作れるライブラリ

 ○○Pの基本がわかってきたので、次はゲーム作りに進んでいこう。ゲームを作れるpygameライブラリを使うよ。

> やったー！ あっ、でもわたし、新しいパソコンに買い替えたばかりだからpygameも入ってないし、pygameの使い方もちょっと忘れてるかも。

 それじゃあこの章では、**pygameのインストール方法**と、**簡単な使い方**を説明していくことにしよう。まずは**pygameのインストール方法**だ。

---

pygameとは?

pygameは、ゲームを作るのに役立つ機能がたくさん入ったライブラリです。pygameライブラリは標準ライブラリではないため、手動で追加インストールする必要があります。

pygameでできる主なこと

1. ゲーム用にウィンドウを表示できる
2. グラフィックスを表示したり動かせる
3. キーボードやマウスの入力を調べることができる
4. 音を鳴らすことができる

 pygameのインストール

Windowsにインストールするとき

Windowsにインストールするときは、以下の手順で行ってください。

1 スタートメニューから、[すべてのアプリ] ➡ [Windowsシステムツール]

　➡ [コマンドプロンプト] を選択し、コマンドプロンプトを起動します。

2 コマンドプロンプトで、以下の命令を入力して [Enter] キーを押してください。エラーが出ずに、

　プロンプト (>) が表示されれば、インストール完了です。

```
py -m pip install pygame
```

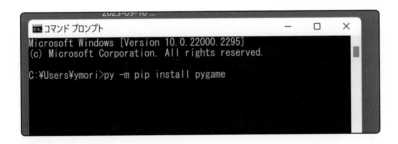

3 ウィンドウ右上の [X] の閉じるボタンを押して、コマンドを閉じましょう。

macOSにインストールするとき

macOSにインストールするときは、以下の手順で行ってください。

1 [アプリケーション] フォルダの中の [ユーティリティ] フォルダのにある

　[ターミナル] をダブルクリックしましょう。ターミナルが起動します。

ターミナル

2 ターミナルで、以下の命令を入力して［Enter］キーを押してください。エラーが出ずに、プロンプト（%）が表示されれば、インストール完了です。

```
python3 -m pip install pygame
```

3 ウィンドウ左上の［赤い閉じるボタン］を押して、ターミナルを閉じましょう。

COLUMN

Pygameをインストールする前に、**pip**コマンドが使えるか確認しておくとよいでしょう。「**pip list**」コマンドを実行すると、すでにインストールされているライブラリ一覧が表示されます。コマンドプロンプト（ターミナル）に以下の命令を入力して［Enter］キーを押してください。

```
Windows: py -m pip list
    Mac: python3 -m pip list
```

この命令でリストが表示されたとき、「警告文が出ない」なら問題はありません。しかし、たまに「**WARNING: You are using pip version xx.x.x···py -m pip install --upgradepip' command.**」といった警告が出るときがあります（xにはバージョンの数字が入ります）。これは、「pipコマンドのバージョンが古くなっています」という警告です。次に記述する命令でアップグレードしましょう。アップグレードすると警告は出なくなります。

```
Windows: py -m pip install --upgrade pip
    Mac: python3 -m pip install --upgrade pip
```

pygameを
使用したゲームの
作り方を
覚えましょう。

CHAPTER
3.2
pygameのきほん

 それでは、**pygameの簡単な使い方**を説明していくよ。pygameは、Pythonでゲームを作れるライブラリだ。WindowsでもmacOSでもゲームを作れるんだよ。

自分のパソコンで作ったゲームが動くのって楽しいよね。

 pygameでは、大きく分けて「**準備**」と「**メインループ**」でゲームを作っていく。まず「**準備**」では、画面の初期化や、データの準備など、ゲームの準備部分を書く。そして「**メインループ**」で、ゲームのメイン部分を書く。キー入力のチェックや、判断処理や、描画処理など、ループの中で少しずつくり返し行う処理を書いていくんだ。以下のような書き方だよ。

3

pygameで動かそう

pygameのゲームの書き方 7ステップ

1. ゲームの準備をする

2. メインループ（この下をずっとループする）	
3. 画面を初期化する	6. 画面を表示する
4. 入力チェックや判断処理をする	7. 閉じるボタンをチェックして終了する
5. 描画処理をする	

これを具体的なプログラムで確認しよう。以下のように、単純なプログラムから少しずつ見ていくよ。

pygameのきほんを学ぶ4つのプログラム

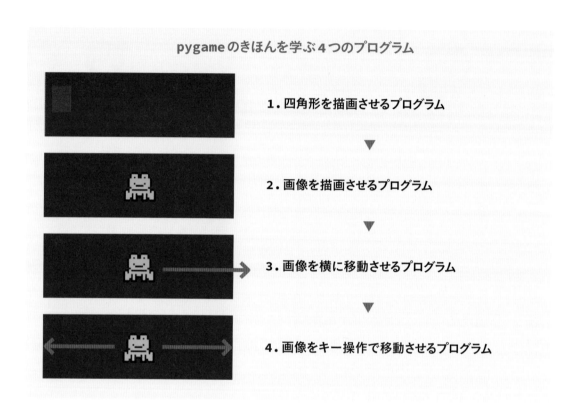

1. 四角形を描画させるプログラム

2. 画像を描画させるプログラム

3. 画像を横に移動させるプログラム

4. 画像をキー操作で移動させるプログラム

 まずは、『**四角形を描画させるプログラム**』だ。プログラムには、「そこでなにをしているのか」がわかるように「**コメント文（説明文）**」を入れている。先頭に「**#**」が付いた行がコメント文だ。必要なければコメントの行は省略してもいいよ。

わたしは、あるとわかりやすいから入力しようかな～。

四角形を描画させるプログラム

VSCodeのエクスプローラービューの上にある [新しいファイル] ボタンをクリックして、「**test301.py**」というファイル名を入力し、プログラムを入力しましょう。

```
 1  # 1.準備
 2  import pygame as pg, sys
 3  pg.init()
 4  screen = pg.display.set_mode((600, 650))
 5  pg.display.set_caption("MYGAME")
 6  # 2.メインループ
 7  while True:
 8      # 3.画面の初期化
 9      screen.fill(pg.Color("NAVY"))
10      # 4.入力チェックや判断処理
11      # 5.描画処理
12      pg.draw.rect(screen, pg.Color("RED"), (10, 20, 30, 40))
13      # 6.画面の表示
14      pg.display.update()
15      # 7.閉じるボタンチェック
16      for event in pg.event.get():
17          if event.type == pg.QUIT:
18              pg.quit()
19              sys.exit()
```

 それでは、ここからプログラムの解説だ。入力プログラムの囲みの部分を
順に解説していくよ。

1.準備
ここで画面の初期化やデータの準備などを行います。

```
 2  import pygame as pg, sys  ── pygameをpgと省略してインポート、さらにsysもインポート
 3  pg.init()  ── 初期化
 4  screen = pg.display.set_mode((600, 650))  ── 横600、縦650のウィンドウを生成
 5  pg.display.set_caption("MYGAME")  ── ウィンドウのタイトルを設定
```

最初に、**pygame**というゲーム用ライブラリ（**pg**と省略して使います）と、**sys**という標準ライブラリを

インポート（**import**）します。

次に、**pygame**を初期化（**init**）し、「600×650」のサイズのウィンドウを生成（**display.set_mode**）しています。このウィンドウのタイトルは「MYGAME」として設定（**set_caption**）します。

2. メインループ

```
7  while True:
```

7行目の**while**から下がメインループです。ゲームをリアルタイムにくり返し動かす処理を行います。この while 文は、くり返す条件が**True**なので、無限にずっとくり返します。

3. 画面の初期化

```
9      screen.fill(pg.Color("NAVY"))
```

まず、ゲームを描くスクリーン（**screen**）全体を、**fill**関数を使って紺色（**NAVY**）で塗りつぶして、画面の初期化を行います。

4. 入力チェックや判断処理

今回は、四角形を描くだけなので、ユーザーからの入力チェックは行わないため、コメントのみ入れておきます。

5. 描画処理

```
12      pg.draw.rect(screen, pg.Color("RED"), (10, 20, 30, 40))
```

draw.rect関数で、スクリーンに赤色でX座標「10」、Y座標「20」の位置に、幅「30」、高さ「40」の四角形を描きます。

6. 画面の表示

```
14      pg.display.update()
```

これを命令することで、図形を描いたスクリーン（**screen**）が、ゲーム画面に表示されます。

7. 閉じるボタンチェック

```
16    for event in pg.event.get():
17        if event.type == pg.QUIT:
18            pg.quit()
19            sys.exit()
```

while文が**True**になっており、無限にずっとくり返しを行うため、ゲームウィンドウは終わりません。そこで、ウィンドウの閉じるボタンが押されたら、pygameを終了（**pg.quit**）して、ウィンドウを閉じて（**sys.exit**）、ゲームを終わらせるようにします。これは、ボタンが押されたらいつでもすぐに終了できるよう、ループの中で毎回調べます。

さあ、プログラムの入力ができたら、VSCode上で［Run Code］ボタンを押して実行してみよう。

赤い四角形が左上に表示されました〜。

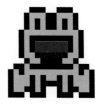

CHAPTER
3.3
画像を読み込んで描画する

画面の好きな場所に画像を描画したり読み込んだ画像を表示することもできます。

 サンプルファイルをダウンロードする

次は、『**画像を描画させるプログラム**』だ。さっきの四角形の代わりに読み込んだ画像を表示させようと思う。画像は何でもいいけれど、せっかくだから書籍のために用意したサンプル画像ファイルを使おう。この本の**2ページ目**にある「**サポートサイト**」のURL（https://book.mynavi.jp/supportsite/detail/9784839983017.html）からサンプルファイル（oop_sample.zip）をダウンロードして解凍しよう。

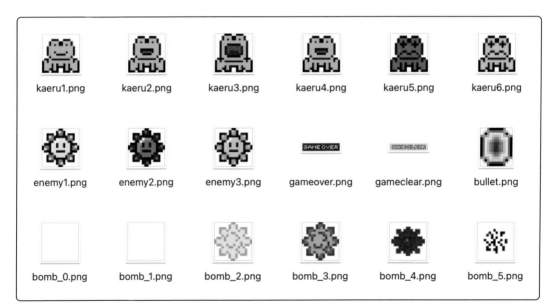

「images」フォルダの中

はい。ダウンロードして解凍しました。

それでは、解凍してできた「images」フォルダと「sounds」フォルダを
「**mypython**」**フォルダの中にコピー**しよう。この画像を使っていくよ。

サウンドフォルダ？

今は必要ないけど、実はいずれ音も鳴らそうと思っているので、一緒にコ
ピーしておくんだ。

1 サポートサイトからサンプルファイルをダウンロードして展開（解凍）します（Windowsの場合、ダ
ブルクリックすると圧縮状態のまま中身が見れますが、このままではドラッグできません。zipファイルを選択して
「すべてを展開」を実行してください）。

2 VSCodeのエクスプローラービューの上に、「images」フォルダをドラッグ＆ドロップして、表示
されるダイアログで［フォルダーのコピー］をクリックします。

①フォルダをドラッグ＆ドロップ

②［フォルダーのコピー］をクリック

3 さらにエクスプローラービューの上に、「sounds」フォルダをドラッグ&ドロップして、表示されるダイアログで［フォルダーのコピー］をクリックします。画像はWindowsですが、Macの場合も同様の手順で［フォルダーのコピー］をクリックしましょう。

プログラムを加筆・修正する

 画像の準備ができたら、先程のプログラムに加筆・修正していこう。修正するのは、「❶画像ファイル（`kaeru1.png`）を読み込んだり、表示位置の準備をする命令を追加する」「❷四角形の代わりに、画像を表示するように修正する」この2箇所だ。

📄 **PY** プログラムの修正箇所：1（test302.py）

```
5  pg.display.set_caption("MYGAME")
6  player = pg.image.load("images/kaeru1.png")  ── ❶画像ファイルを読み込み…
7  myrect = pg.Rect(250, 550, 50, 50)  ──── 表示位置を指定
8  # 2.メインループ
```

「1.準備」部分の修正

上記のように6行目と7行目を追加します。6行目は画像ファイルの読み込みです。「images」フォルダの中の「kaeru1.png」ファイルを読み込むので、読み込む命令（`image.load`）で、「`images/kaeru1.png`」と指定して読み込み、変数（`player`）に入れます。

7行目は、画像の表示位置を準備します。X座標「250」、Y座標「550」の位置、幅「50」、高さ「50」として、変数（`myrect`）に入れておきます。

プログラムの修正箇所：2（test302.py）

```
13        #  5. 描画処理
14        screen.blit(player, myrect) ──── ❷赤い四角の代わりにカエルを表示
15        #  6. 画面の表示
```

「5. 描画処理」部分の修正

14 行目の描画処理を画像を表示する命令に変更します。描画命令（`screen.blit`）を使って、画像データ（`player`）を画像の表示位置（`myrect`）に描画します。

 さあ、プログラムを修正したら、実行だ。

カエルさんが出た〜。

3

pygameで動かそう

083

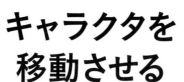

キャラクタの位置を
少しずつ動かして
何度も表示する
ことで絵が
動き出します。

while 文を使ってキャラクタを動かす

 次はこのカエルを横に移動させる『**画像を横に移動させるプログラム**』だ。
メインループのwhile文は、1秒間に何十回もくり返している。このくり返しの中で**画像の位置を少しずつ変え続ければ**動いて見えるというわけだ。

そのためのループだったのね。

ではプログラムを修正するよ。修正するのは、❶画像の表示位置
（myrect）の「**x**」を少し増やす。❷動きが早くなりすぎないように1秒間
に60回以上はくり返さない時間待ちを追加する。この2箇所だ。

プログラムを加筆・修正する

📄 **プログラムの修正箇所：1（test303.py）**

12	# 4.入力チェックや判断処理
13	**myrect.x += 1** ―― ❶x（横の位置情報）に「1」を追加
14	# 5.描画処理

「4.入力チェックや判断処理」部分の修正

上記のように13行目に表示位置を少し増やす命令を追加します。画像の表示位置は変数
「**myrect**」で決めているので、この**x**を1ずつ増やして、位置を少し横に移動させます。

プログラムの修正箇所：2（test303.py）

```
16      # 6.画面の表示
17      pg.display.update()
18      pg.time.Clock().tick(60) —— ❷フレームレートを指定
19      # 7.閉じるボタンチェック
```

「6.画面の表示」部分の修正

動きが早くなりすぎないように18行目に命令を追加します。最近のパソコンは処理スピードが速いので移動スピードが速くなりすぎることがあります。そこで、「**pg.time.Clock().tick(60)**」を追加して、1秒間に60回以上はくり返さないようにほんの少し時間待ちの指定を入れます。

 ではプログラムを修正して実行してみよう。

右に移動してる！　あらら、そして外に消えちゃったよ。

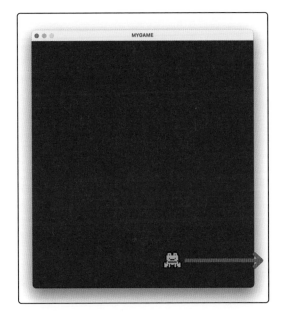 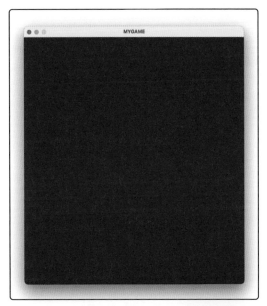

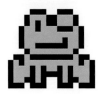

CHAPTER

3.5

押されたキーを
調べて
キャラクタを
動かしましょう。

キャラクタをキー操作で移動させる

キーが押されたか調べて動かす

 さっきはキャラクタが自動で移動したけど、次はプレイヤーが操作して動かすようにしよう。『**画像をキー操作で移動させるプログラム**』に修正だ。左右キーの入力をチェックして、右キーが押されたら右に、左キーが押されたら左に移動させるよ。

いよいよゲームっぽくなってきたね。

 プログラムの修正箇所は以下のところだ。

プログラムを加筆・修正する

 プログラムの修正箇所（test304.py）

12	`#  4.入力チェックや判断処理`
13	`key = pg.key.get_pressed()` —— 押されているキーを調べてkeyに入れる
14	`vx = 0` —— 移動量は「0」に設定
15	`if key[pg.K_RIGHT]:`
16	`    vx = 10` —— 右キーが押されたら移動量は「10」
17	`if key[pg.K_LEFT]:`
18	`    vx = -10` —— 左キーが押されたら移動量は「-10」
19	`if myrect.x + vx < 0 or myrect.x + vx > 550:`
20	`    vx = 0` —— 移動した位置が画面の大きさを超えるなら「0」

21	`myrect.x += vx` ——— 画像の表示位置に移動量を追加
22	`# 5.描画処理`

「4.入力チェックや判断処理」部分の修正

まず、「今押されているキー」を調べて（`key.get_pressed`）、変数（`key`）に入れます。そしてカエルを移動させる移動量（`vx`）は、まず「0」にしておきます。

今押されているキー（`key`）を調べて、もし右キー（`pg.K_RIGHT`）だったら、移動量（`vx`）を「10」に、もし左キー（`pg.K_LEFT`）だったら、、移動量（`vx`）を「-10」にします。

また、画面の外に出ないように、もし移動した位置が0より小さくなったり、550より大きくなるなら、移動量（`vx`）は「0」にして動かないように制限します。

最後に、画像の表示位置（`myrect`）のxに、移動量（`vx`）を足せば、移動させることができます。

 それでは実行して、左右キーを押してみよう。

 動いた動いた。わたしの指示どおりに、カエルさんが動くよ。

 これがpygameの基本的なプログラムの流れだよ。完成版のプログラムを見てみよう。

```python
1   # 1.準備
2   import pygame as pg, sys
3   pg.init()
4   screen = pg.display.set_mode((600, 650))
5   pg.display.set_caption("MYGAME")
6   player = pg.image.load("images/kaeru1.png")
7   myrect = pg.Rect(250, 550, 50, 50)
8   # 2.メインループ
9   while True:
10      # 3.画面の初期化
11      screen.fill(pg.Color("NAVY"))
12      # 4.入力チェックや判断処理
13      key = pg.key.get_pressed()
14      vx = 0
15      if key[pg.K_RIGHT]:
16          vx = 10
17      if key[pg.K_LEFT]:
18          vx = -10
19      if myrect.x + vx < 0 or myrect.x + vx > 550:
20          vx = 0
21      myrect.x += vx
22      # 5.描画処理
23      screen.blit(player, myrect)
24      # 6.画面の表示
25      pg.display.update()
26      pg.time.Clock().tick(60)
27      # 7.閉じるボタンチェック
28      for event in pg.event.get():
29          if event.type == pg.QUIT:
30              pg.quit()
31              sys.exit()
```

4

オブジェクト指向でゲームを作ろう

ここからはさっそく、OOPとpygame
を使ってゲームを作っていきます。
Chapter 2で学んだクラスを使って主
人公や敵のキャラクタを作り、徐々に
機能を追加していきましょう。カプセ
ル化や継承もここでさっそく使ってい
きますよ。

4.1

主人公を作る
複数のファイルを使って
ゲームを作る

ここから早速
〇〇Pを使って
ゲーム作りを
始めます。

では、いよいよ〇〇Pとpygameでゲームを作っていこう。メインとなるプログラムの流れはpygameのプログラムと同じで、**部品にまとめられるところをクラス化していく**んだよ。

部品化していくのね。

それでは、『**画像をキー操作で移動させるプログラム（test304.py）**』をベースにして、これにクラスを少しずつ追加したり、修正したりしながら進めていくよ。

ぜひ、少しずつでお願いします。

まずは**ゲームの主人公のクラス**を作ってみよう。

ここで作成＆修正する作業

・主人公クラス（**Player**）を作る …**1**
・メインプログラムを修正する …**2**

クラス名には**最初の文字は大文字にする**というルールがあるので、クラス名を「**Player**」とするよ。

クラスで作る場合、「**どんなデータ**」を持っていて「**どんな処理**」をするのかということを考えていく。さてミライちゃん、『画像をキー操作で移動させるプログラム』では、キャラクタに「**どんな処理**」をしていたかな?

えーと、左右キーを押すとその方向に少しずつ移動する、って処理をしてたよね。

そう。**左右キーが押されたら位置を少し移動する**という処理をしていたね。キャラクタを更新する処理なので「**更新処理 (update)**」のメソッドを用意しよう。そして、画面に表示させる処理も必要だ。「**描画処理 (draw)**」のメソッドも用意しよう。

更新処理と描画処理、この2つが**Player**のメソッドか〜。

そして、次に**このメソッドを実行するのに必要なデータはなんだろう**、と考える。画像を表示させたり移動させるので、「**画像データ (_image)**」と「**表示位置 (_rect)**」と「**移動スピード (_speed)**」などが必要になるね。だからこれらを**プロパティ**として用意するんだ。

なるほど。こうやってメソッドやプロパティを考えていくのね。

これらを図にまとめて、それを元にクラスのプログラムを作っていこう。

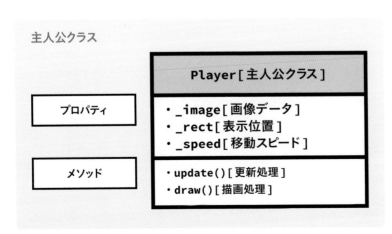

主人公クラス

Player[主人公クラス]
プロパティ ・**_image**[画像データ] ・**_rect**[表示位置] ・**_speed**[移動スピード]
メソッド ・**update()**[更新処理] ・**draw()**[描画処理]

複数ファイルでプログラムを作る

 さて、これから作るプログラムは、主人公のクラスを「**player.py**」というファイルで、ゲームのメイン部分を「**mygame.py**」という別のファイルで、つまり複数のファイルで作ろうと思うんだ。

作成するプログラム

ファイル名	内容
player.py	主人公クラスのプログラム
mygame.py	ゲームのメインプログラム

 あれ？　プログラムって、1つのファイルに書いていくんじゃないの？

 1つのファイルに書いてもいいんだけど、複雑なゲームを作るとするとプログラムも段々複雑になっていく。1つのファイルに書くと、長くなる分、わかりにくくなってしまう。だから**複数のファイル**に分けて作っていこうと思うんだ。

 1つのプログラムを、複数のファイルに分けて書くことができるのね。

 この**クラスを書くファイルの書き方**も、プログラミング言語によっていろいろあって、「**1ファイルには1クラスだけしか書けない**」という言語もあるけれど、Pythonは「**1ファイルに複数のクラスを書くことができる**」ので、少し気楽に書けるよ。

 具体的にどうやって作ればいいの？

 これまでプログラムファイルは「**mypython**」フォルダの中に作ってきたよね。同じようにこの「**mypython**」フォルダの中に「**1つのゲームプログラムを複数のファイルに分けて**」作っていくんだ。例えば、主人公のクラスは「**player.py**」に、メイン部分を「**mygame.py**」に、といった具合に書いていくんだよ。

 2つのファイルに分けて書くのね。

```
▶  📁 mypython        📁  images

                      📁  sounds

                      📄  mygame.py  ◄─────┐
                                          │ import
                      📄  player.py  ──────┘
```

 そして、**このプログラムをスタートさせるファイル**を決める。スタートファイルは、このゲームのメイン部分になる「`mygame.py`」にしよう。そして「`player.py`」の中の主人公クラスは、この中で使われる部品なので、「`mygame.py`」の先頭で「`import player`」と指定して読み込んで使うんだ。

ファイルは別々に書くけど、スタートしたファイルと、**import**でつながるのね。

 今は2つのファイルだけで作るけど、このあとどんどん機能を増やして、最終的にこんなファイル構成にしようと思っているんだよ。

```
▶  📁 mypython        📁  images

                      📁  sounds
                                                import
                      📄  bullet.py  ──────────────┐
                                                   │
                      📄  enemy.py  ───────────────┤
                                                   │
                      📄  gamecontrol.py  ◄──────┐ │
                                                 │ │
                      📄  mygame.py  ◄────┐      │ │
                                         │      │ │
                      📄  player.py  ─────┤      │ │
                                         │      │ │
                      📄  resultscene.py ─┘      │ │
                                                 │ │
                      📄  sound.py  ─────────────┤ │
                                                 │ │
                      📄  status.py  ────────────┴─┘
```

うわっ、ファイルがたくさん。複雑そう〜。

いろいろな機能を実装しようと思っているからね。でも、これらを1つにまとめたプログラムで書こうとすると、けっこう複雑なプログラムになってしまう。部品に分けて作っていくことで、シンプルに作れるんだよ。

でも、一度にこんなに増えたら頭がついていかないよ。

だから、少しずつファイルを追加したり、修正したりしながら作っていくよ。

少しずつならできそうだけど、少し心配かな〜。

そういう場合は「**サンプルファイル**」を利用しよう。この本の12ページ目にある「サポートサイト」のURLからサンプルファイルをダウンロードして解凍したフォルダには、「**制作していく途中段階のプログラム**」も含まれているんだ。

そうなんだ。

「Chapter4.1〜4.8」のプログラムは「chap401〜chap408」のフォルダに、「Chapter5.2〜5.5」のプログラムは「chap502A〜chap505」のフォルダに入っている。**プログラムが動かなくてプログラムを確認したい場合**は、このフォルダの中のプログラムと見比べてみよう。

なるほどね。でも、取りあえず動く様子を見てみたいんだよね〜。

動作を確認したいときは、まず「mypython」フォルダの中に「chap401〜chap408」や「chap502A〜chap505」のフォルダをまるごとコピーしよう。

フォルダがたくさん増えたね。

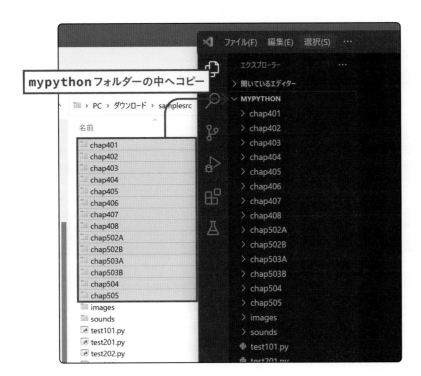

mypythonフォルダーの中へコピー

例えば、Chapter4.1のプログラムを試したいときは「chap401」フォル
ダを開き、そのフォルダにある「**mygame.py**」を選択して、実行しよう。
そのフォルダの段階の動作を確認できるよ。

これはいいね。違うフォルダを開けば、いろいろな段階の動作を確認でき
るのね。

これから作るゲームは、複数のファイルで作っていくよ。

リョーカイです。

それでは、主人公のクラスから作っていこう。**mypython**フォルダのすぐ
下に「**player.py**」ファイルを作って入力していくよ。次のページにあ
るのがそのプログラムだ。

__init__のところに**3つのプロパティ**があって、その下に**2つのメソッ
ド**が書いてあるね。

 ゲームのキャラクタ（主人公）を作る

VSCodeのエクスプローラービューの上にある［新しいファイル］ボタンをクリックしてファイルを作り、「**player.py**」というファイル名に変更し、以下のプログラムを入力してください。

主人公クラスの作成

※ここから作るプログラムをサンプルファイルで確認したい場合は、「chap401」フォルダをご覧ください。

※このplayer.pyは、主人公クラスのプログラムファイルなので、このファイルからゲームを実行することはできません。

py ❶入力プログラム（player.py）

```
 1  import pygame as pg
 2
 3  class Player(): #【主人公】
 4      def __init__(self):
 5          # プロパティ：どんなデータを持つのか？ ──「_image」「_rect」「_speed」プロパティに
                                                        初期値を設定
 6          self._image = pg.image.load("images/kaeru1.png")
 7          self._rect = pg.Rect(250, 550, 50, 50)
 8          self._speed = 10
 9
10      # メソッド：どんな処理をするのか？
11      def update(self): # 更新処理
12          key = pg.key.get_pressed() ── 変数「key」にキーの入力状態を代入
```

```
13          vx = 0
14          if key[pg.K_RIGHT]:
15              vx = self._speed ——— 右のキーが押されたら「self._speed」を代入
16          if key[pg.K_LEFT]:
17              vx = -self._speed
18          if self._rect.x + vx < 0 or self._rect.x + vx > 550:
19              vx = 0
20          self._rect.x += vx
21
22      def draw(self, screen): # 描画処理
23          screen.blit(self._image, self._rect)
```

メインプログラムの修正

次はこのクラスを動かすメインプログラムだ。基本的に Chapter 3 の「**test304.py**」をベースにしていて、キャラクタの部分を **Player** クラスに置き換えている。以下のようなプログラムになるよ。**mypython フォルダ**のすぐ下に「**mygame.py**」というファイルを作って次のページのプログラムを入力してみよう。

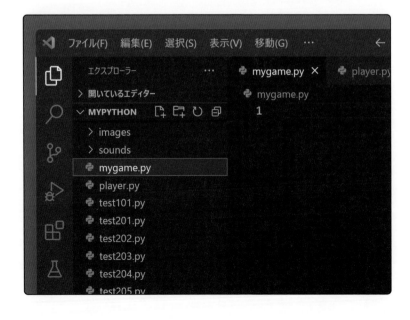

インスタンスを動かす

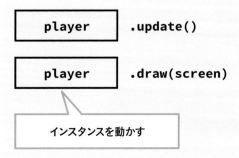

インスタンスを動かす

🄟 ❷ プログラムの修正（mygame.py）

```
1   # 1.準備
2   import pygame as pg, sys
3   import player ——— player.py(Playerクラス)をインポート
4   pg.init()
5   screen = pg.display.set_mode((600, 650))
6   pg.display.set_caption("MYGAME")
7   player = player.Player() ———「player」インスタンスを作成
8   # 2.メインループ
9   while True:
10      # 3.画面の初期化
11      screen.fill(pg.Color("NAVY"))
12      # 4.入力チェックや判断処理
13      player.update()
14      # 5.描画処理
```

```
15    player.draw(screen)
16    # 6.画面の表示
17    pg.display.update()
18    pg.time.Clock().tick(60)
19    # 7.閉じるボタンチェック
20    for event in pg.event.get():
21        if event.type == pg.QUIT:
22            pg.quit()
23            sys.exit()
```

 さあ、囲みの部分を解説していくよ。この**mygame.py**がゲームのメインプログラムだ。このプログラムでは、さっき**Player**クラスを使うので、まず最初に「**import player**」と書いて、さっき作った**player**ファイル（**player.py**）をインポートする。この中にある**Player**クラスを読み込んで使えるようにするわけだ。

```
3  import player
```

 次に、主人公の部品（インスタンス）を作る。インスタンスを作る書き方は「**インスタンス名 = クラス名()**」だったね。「読み込んだ**player**ファイルの中の**Player**クラス」から**player**という主人公インスタンスを作るから、「**player = player.Player()**」と書くんだ。「1.準備」の最後の7行目に書くよ。

```
7  player = player.Player()
```

 そして、メインループの中で、作った主人公インスタンスを動かす。インスタンスの実行は「**インスタンス名.メソッド名()**」だったよね。主人公インスタンスの更新と描画を行いたいので、「**player.update()**」「**player.draw(screen)**」と書くよ。

```
12        #  4.入力チェックや判断処理
13        player.update()
14        #  5.描画処理
15        player.draw(screen)
```

「**player.py**」と「**mygame.py**」。この2つで1つのプログラムなのね。

 メインプログラムから実行するので、「**mygame.py**」を選択して実行しよう。

やったー！　動いた動いた。これ、〇〇Pで動いてるんだよね。

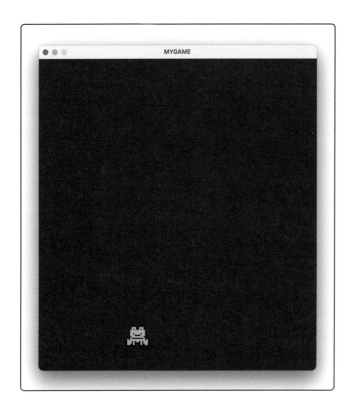

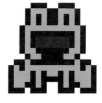

4.2
主人公がアニメで動くように修正
Playerクラスを修正

> 主人公クラスを
> 修正して
> 動きを追加して
> いきます。

画像をアニメーションで動かす

ここで作成&修正する作業
・主人公クラス（**Player**）を修正する　…**1****2**

次は**主人公がアニメーションで動くように修正**しよう。こういう修正こそ、
〇〇Pでプログラムを作るメリットだね。**Player**クラスだけを修正すれ
ばいいんだ。

主人公クラスを修正

Player [主人公クラス]
・ **_images** [アニメーション用] ・ **_cnt** [カウント用] ・ **_image** [画像データ] ・ **_rect** [表示位置] ・ **_speed** [移動スピード]
・ **update()** [更新処理] ・ **draw()** [描画処理]

プロパティ

メソッド

> アニメーションで
> 表示するように修正

そうだよ。「**player.py**」を2箇所修正する。1つ目は**あらかじめ、アニメ用の複数の画像を読み込んでおくようにする修正**だ。囲みの部分はすぐあとで解説を入れていくよ。

修正するプログラム

ファイル名	内容
player.py	主人公クラスのプログラム

主人公クラスの修正

※ここから作るプログラムをサンプルファイルで確認したい場合は、「chap402」フォルダをご覧ください。

📄py **1** プログラムの修正（player.py）

```
4        def __init__(self):
5            # プロパティ：どんなデータを持つのか？
6            self._images = [
7                pg.image.load("images/kaeru1.png"),
8                pg.image.load("images/kaeru2.png"),
9                pg.image.load("images/kaeru3.png"),
10               pg.image.load("images/kaeru4.png")
11           ]
12           self._cnt = 0
13           self._image = self._images[0]
14           self._rect = pg.Rect(250, 550, 50, 50)
15           self._speed = 10
```

「**player.py**」の6行目を以下の6～11行目になるように修正し、複数の画像を読み込んで画像リスト（**_images**）を作ります。

```
6            self._images = [
7                pg.image.load("images/kaeru1.png"),
8                pg.image.load("images/kaeru2.png"),
```

```
9                pg.image.load("images/kaeru3.png"),
10               pg.image.load("images/kaeru4.png")
11           ]
```

さらに、12行目を以下のように修正して、描画回数をカウントする変数（`_cnt`）を用意し、実際に
表示する画像（`_image`）には、初期値として画像リストの最初の画像を入れておきます。

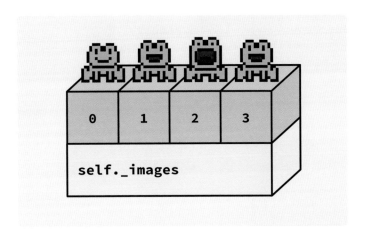

```
12          self._cnt = 0
13          self._image = self._images[0]
```

2つ目の修正は、**表示する画像を順番に切り換えるようにする修正**だ。
updateメソッドの最後、27行目の次に以下のように追加しよう。

py **2** プログラムの修正（player.py）

```
27          self._rect.x += vx
28          self._cnt += 1
29          self._image = self._images[self._cnt // 5 % 4]
30
31      def draw(self, screen): # 描画処理
```

28～29行目のように修正して、描画回数をカウントし、画像に切り換えていきます。そのまま切り換えると早すぎるので、5で割った値（//5）を使って、5回に1回のゆっくりな切り換えになるようにしています。さらに、4で割った余り（%4）を使うことで、0～3番目の画像を指定するようにしています。

```
28          self._cnt += 1
29          self._image = self._images[self._cnt // 5 % 4]
```

 修正が完了したら「test402」フォルダにコピーした「**mygame.py**」を選択して実行しよう。

 動いた～。カエルさん、口をパクパクしてる。なに言ってんの～。

4.3
敵を作る
Enemyクラスを追加

新しいクラスを
追加して
敵を登場させて
みましょう。

敵キャラクタを作成する

ここで作成＆修正する作業

・敵クラス（**Enemy**）を作る …**1**
・メインプログラムを修正する …**2 3**

次は**敵を追加**しよう。敵のクラスを作って追加するんだ。

いよいよ、敵登場ね。

作成・修正するプログラム

ファイル名	内容
player.py	主人公クラスのプログラム
mygame.py	ゲームのメインプログラム
enemy.py	敵クラスのプログラム

敵のクラス名は「**Enemy**」にしよう。敵の動きは、**画面の上の方にランダムに登場**して、**上下左右斜めにランダムに移動**し、**画面の左右と上で反射**するという動きにしようと思うんだ。

ちょっと複雑ね。

複雑そうに思える処理もクラスで作ると、その部品（クラス）だけに注目して考えることができるから、シンプルに設計できるんだ。さて、この敵クラスも「どんなデータ」と「どんな処理」でできるか考えてみよう。

 「どんな処理」をしてるかっていうと、移動して描画するから、さっきと同じで「更新処理（update）」と「描画処理（draw）」かな。

 そうだね。そして、プロパティも、「画像データ（_image）」と「表示位置（_rect）」と「移動する量」でできそうだね。ただし敵は左右だけじゃなく上下にも移動するので「Xの移動量（_vx）」と「Yの移動量（_vy）」を用意しよう。

敵クラス

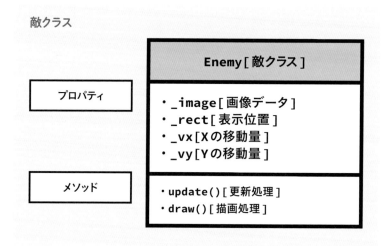

 プロパティとメソッドが**Player**クラスと似てるね。

 敵と味方で違うけれど「**移動する部品**」としては似ているからね。その敵のクラスが以下のプログラムだ。「**enemy.py**」という別のファイルを作ってから入力していこう。囲みの部分はすぐあとで解説を入れていくよ。

敵クラスの作成

※ここから作るプログラムをサンプルファイルで確認したい場合は、「chap403」フォルダをご覧ください。

py **1** プログラムの追加（enemy.py）

```python
import pygame as pg
import random

class Enemy(): #【敵】
    def __init__(self):
        x = random.randint(100,500)
        y = random.randint(100,200)
        # プロパティ：どんなデータを持つのか？
        self._image = pg.image.load("images/enemy1.png")
        self._rect = pg.Rect(x, y, 50, 50)
        self._vx = random.uniform(-4, 4)
        self._vy = random.uniform(-1, -4)

    # メソッド：どんな処理をするのか？
    def update(self):  # 入力チェックや判断処理
        if self._rect.x < 0 or self._rect.x > 550:
            self._vx = -self._vx
        if self._rect.y < 0:
            self._vy = -self._vy
        self._rect.x += self._vx
        self._rect.y += self._vy

    def draw(self, screen):  # 描画処理
        screen.blit(self._image, self._rect)
```

 11〜12行目のプログラムで、XY方向の移動量をランダムに決める。X方向は「-4」〜「4」で左右にランダムに、Y方向は「-1」〜「-4」と上向きに移動し始めるよ。

ん？　いろいろなところに**random**って書いてあるけど、これなあに？

Enemyクラスでは、敵の初期値を設定しているんだけど、実行するたびに敵がいろんな位置に登場したり、移動する向きも毎回変わるようにしたいんだ。だから、「**画面のどこに表示させるか**」と「**XとYの移動量**」をランダムに決めているんだよ。

そういうことね。でも、**random**の命令が微妙に違うよ。

まず、「**画面のどこに表示させるか**」だけど、「**ランダムな整数**」で指定したいので、「**random.randint(最小値，最大値)**」を使う。

書式：整数のランダム

```
変数 = random.randint( 最小値， 最大値 )
```

画面のサイズは横が「600」、縦が「650」だ。この上のほうに登場させたいので、Xは「100〜500」の範囲、Yは「100〜200」の範囲でランダムに指定しようと思う。

```
6        x = random.randint(100,500)
7        y = random.randint(100,200)
```

これは**画面の上のほうにランダムに登場させる**ってことなのね。

次に、「**XとYの移動量**」もランダムに決めようと思うんだけど、移動量を整数で指定するとスピードや進む角度の変化が出にくい。例えば、1〜3のランダムだと「1、2、3」の3種類しかないからね。そこで「**ランダムな小数**」を使うんだ。小数なら1.0〜3.0のランダムを指定しても、種類はいろいろできる。微妙な変化を作れるというわけだ。小数のランダムには「**random.uniform(最小値，最大値)**」を使うよ。

書式：小数のランダム

```
変数 = random.uniform( 最小値 , 最大値 )
```

 移動の**横方向は左右に同じばらつき**にしたいので、「-4〜4」のように、同じ値のマイナスからプラスの範囲で指定をするよ。縦方向は「**一度上に上がってから天井に反射して落下する敵**」にしたいので、「-1〜-4」の範囲でランダムにしようと思う。こうすれば、出現した敵は、左右には同じようなランダムで、ランダムな速度で上方向に移動できるんだ。

```
11        self._vx = random.uniform(-4, 4)
12        self._vy = random.uniform(-1, -4)
```

 でも、敵が上に移動していったらそのまま画面から離れて行っちゃうよ。

 だから、毎回実行する**update()**の中で、**左右の壁や上の壁に衝突したか**を調べて、衝突したら移動の向きを反転させるんだ。これで、画面の中で跳ね返る敵ができるんだ。

```
16        if self._rect.x < 0 or self._rect.x > 550:
17            self._vx = -self._vx
18        if self._rect.y < 0:
19            self._vy = -self._vy
```

メインプログラムの修正

 そしてこの敵を**登場させて動かす**ために、メインプログラムを修正しよう。「**mygame.py**」の2箇所を修正する。1つ目は**enemy**をインポートするのと、敵の生成をする修正だ。

4

オブジェクト指向でゲームを作ろう

```
1  # 1.準備
2  import pygame as pg, sys
3  import player, enemy
4  pg.init()
5  screen = pg.display.set_mode((600, 650))
6  pg.display.set_caption("MYGAME")
7  player = player.Player()
8  enemies = []  ── 敵を生成するための空のリストを作成
9  for i in range(8):  ── for文を使って8匹の敵を作る
10     enemies.append(enemy.Enemy())
11 # 2.メインループ
```

プログラムの解説をするよ。今回 Enemy クラスを追加したから、「**import player**, **enemy**」で **player** ファイル（**player.py**）と、**enemy** ファイル（**enemy.py**）をインポートする。

```
3  import player, enemy
```

そして、8匹の敵（インスタンス）を作ろうと思うんだけど、8匹それぞれ個別の変数に入れると扱いにくいので、**敵たち（enemies）というリスト**を作ってそこにまとめて入れて、扱おうと思うんだ。最初空っぽのリストを作っておいて、「敵を作ってリストに追加」を8回くり返すんだよ。「読み込んだ **enemy** ファイルの中の **Enemy クラス**」から敵インスタンスを作り、それを **enemies** リストに追加（append）するから「**enemies. append(enemy.Enemy())**」だ。

```
8  enemies = []
9  for i in range(8):
10     enemies.append(enemy.Enemy())
```

2つ目は**敵の更新処理と、描画処理を追加する修正**だ。これまで、主人公を更新して描画していたところに、それぞれ敵グループの処理を追加するよ。

py **3**プログラムの修正（mygame.py）

```
15      #  4.入力チェックや判断処理
16      player.update()
17      for e in enemies:
18          e.update()
19      #  5.描画処理
20      player.draw(screen)
21      for e in enemies:
22          e.draw(screen)
23      #  6.画面の表示
```

そしてメインループの中で、作った主人公インスタンスを動かす。インスタンスの実行は「**インスタンス名.メソッド名()**」だったよね。主人公インスタンスの更新と描画を行いたいので、「**player.update()**」「**player.draw(screen)**」と書くよ。

```
15      #  4.入力チェックや判断処理
16      player.update()
```

```
19      #  5.描画処理
20      player.draw(screen)
```

メインループの中で、敵たちのインスタンスを動かすときは、**for**文を使う。リストから敵インスタンスを1つずつ取り出して、1つずつ順番に**update()**や、**draw(screen)**を実行するわけだ。

```
17      for e in enemies:
18          e.update()
```

 「**enemy.py**」を追加して、「**mygame.py**」のコピー・修正が完了した
ら、「**mygame.py**」を選択して実行しよう。

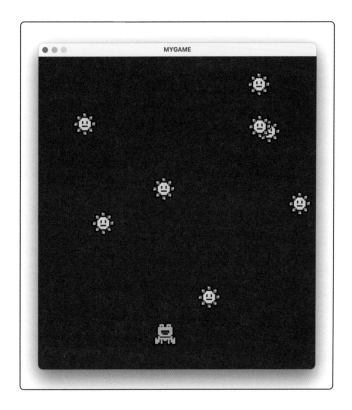

 おっと、敵がたくさん出てきた〜。あれれ？　**敵とぶつかったのにすり抜
けちゃうよ。**

 だって、衝突判定をしていないからね。ということで、次は主人公と敵の
衝突判定を追加するよ。

CHAPTER
4.4
敵と主人公の衝突判定
GameManagerクラスを追加

見張りを立て
主人公と敵の
衝突や移動を
判定しましょう。

 監視を立てて衝突判定を見張るしくみ

ここで作成&修正する作業

- ゲームマネージャクラス（GameManager）を作る …**1**
- 主人公クラス（Player）を修正する …**2**
- 敵クラス（Enemy）を修正する …**3**
- メインプログラムを修正する …**4**

4

オブジェクト指向でゲームを作ろう

ねえねえ。**主人公と敵の衝突判定って、どうやるの？**

いろいろ方法はあるけど、今回は「**主人公と敵が衝突したかを見張る役**」を作ろうと思うんだ。クラス名は「**GameManager（ゲームマネージャ）**」としよう。

ゲームの管理者という意味だ。この**GameManager**が、ずっと主人公と敵が衝突したかを監視していて、衝突したら敵を跳ね返すという処理を行うんだ。ゲームコントロール用の**gamecontrol.py**というファイルを追加して、そこにプログラムを書くよ。

敵と衝突したら、敵が跳ね返されちゃうのね。

作成・修正するプログラム

ファイル名	内容
player.py	主人公クラスのプログラム
mygame.py	ゲームのメインプログラム
enemy.py	敵クラスのプログラム
gamecontrol.py	ゲームをコントロールするプログラム

 GameManager は、主人公と敵の位置情報を把握している必要がある。
そのため、これまではメインプログラム（mygame.py）で主人公と敵を
作って動かしていたけど、今度は GameManager の中で主人公と敵を
作って動かすように変更するんだ。

GameManager の中で作って動かすの？

 主人公と敵を GameManager の中で作ってプロパティとして持っておく。
そして、GameManager の中からそのプロパティを使って主人公と敵を動
かし、衝突しているかを判定するというわけだ。

主人公と敵を作ったり、動かしたり、判定したり。まさにゲームの管理者
という名前にふさわしい機能ね。

 だから、GameManager のプロパティは、_player と _enemies にする
よ。

今度は主人公や敵がプロパティになるのか〜。

ゲームマネージャクラス

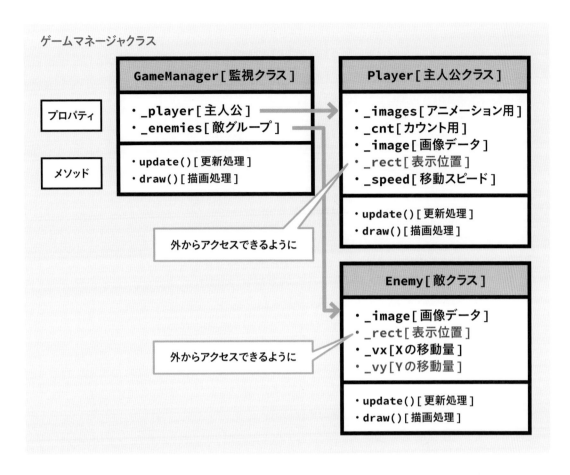

以下がこのクラスをプログラムにしたものだ。「**gamecontrol.py**」という
ファイルを作って入力しよう。

ゲームマネージャクラスの作成

※ここから作るプログラムをサンプルファイルで確認したい場合は、「chap404」フォルダをご覧ください。

 1 プログラムの追加（gamecontrol.py）

```
1  import pygame as pg
2  import random, player, enemy
3
4  class GameManager(): #【ゲーム管理】
5      def __init__(self):
6          # プロパティ：どんなデータを持つのか？
```

▶次ページに続きます

```
7        self._player = player.Player()
8        self._enemies = []
9        for i in range(8):
10           self._enemies.append(enemy.Enemy())

11
12    #  メソッド：どんな処理をするのか？
13    def update(self): #  更新処理
14        self._player.update()
15        for e in self._enemies:
16            e.update()
17            #  敵と主人公が衝突したら、敵を上に移動
18            if e.rect.colliderect(self._player.rect):
19                e.rect.y =  self._player.rect.y - 70
20                e.vy = -abs(e.vy)

21
22    def draw(self, screen): #  描画処理
23        self._player.draw(screen)
24        for e in self._enemies:
25            e.draw(screen)
```

 それでは、ここからプログラムの解説だ。プログラムの囲みの部分を順に
解説していくよ。

7〜10 行目のプログラムで、主人公と敵を作って、プロパティに入れます。

```
7        self._player = player.Player() —— 主人公を作成
8        self._enemies = []  —— 敵を作成
9        for i in range(8):
10           self._enemies.append(enemy.Enemy())
```

14〜20行目のプログラムで、主人公と敵を動かして、衝突したら敵の向きを変更します。

```
14          self._player.update()
15      for e in self._enemies:
16          e.update()
17          # 敵と主人公が衝突したら、敵を上に移動
18          if e.rect.colliderect(self._player.rect):
19              e.rect.y = self._player.rect.y - 70
20              e.vy = -abs(e.vy)
```

23〜25行目のプログラムで、主人公と敵を描画します。

```
23          self._player.draw(screen)
24      for e in self._enemies:
25          e.draw(screen)
```

ただし、ここで注意することがある。**updateメソッドで、主人公と敵の位置を調べたり、敵の移動方向を変更したりする必要があるんだ。**このプログラムでは、**_rect**を使って衝突を調べたり、**_vy**を変更して、向きを変えようとしていたね。ところが、ゲームマネージャと主人公と敵は別のクラスなので、今のままでは情報の読み書きができないんだ。なぜなら、**カプセル化**しているからね。

うへぇ〜。カプセル化ってめんどくさいね。

それは安全性の裏返しでもあるんだけどね。だからこの場合は、**基本的にデータの読み書きができないように安全になっていて、特定のデータだけは意図的に読み書きできるように作る**、と考えよう。

触っていいデータだけ、意図的に許可するのね。

主人公クラスの修正

 そこで、まず主人公クラスを修正しよう。**表示位置**を読み書きできるように、「**player.py**」のプロパティの下、17〜22行目に、**_rect**の「ゲッターメソッド」と「セッターメソッド」を追加するよ。

py **2** プログラムの修正（player.py）

```
14          self._rect = pg.Rect(250, 550, 50, 50)
15          self._speed = 10
16
17      @property
18      def rect(self):
19          return self._rect
20      @rect.setter
21      def rect(self, value):
22          self._rect = value
23
24      #  メソッド：どんな処理をするのか？
25      def update(self):  # 更新処理
```

敵クラスの修正

 次に敵クラスも修正する。**表示位置とYの移動量**を読み書きできるように、「**enemy.py**」のプロパティの下、14〜25行目に**_rect**と**_vy**の「ゲッターメソッド」と「セッターメソッド」を追加するよ。これらの修正をすることで、**GameManager**から、主人公と敵の衝突処理を行えるようになるんだ。

py **3** プログラムの修正（enemy.py）

```
11          self._vx = random.uniform(-4, 4)
12          self._vy = random.uniform(-1, -4)
13
```

```
14    @property
15    def rect(self):
16        return self._rect
17    @rect.setter
18    def rect(self, value):
19        self._rect = value
20    @property
21    def vy(self):
22        return self._vy
23    @vy.setter
24    def vy(self, value):
25        self._vy = value
26
27    #  メソッド:どんな処理をするのか?
```

メインプログラムの修正

 さあ最後は、メインプログラムの修正だ。「**主人公と敵グループを作成し
ていた部分**」をGameManagerの作成に修正し、メインループで「**主人
公と敵を更新&描画していた部分**」を、GameManagerのupdateと
drawに修正する。「**mygame.py**」を以下のように修正して、実行しよ
う。

📄py 4 プログラムの修正（mygame.py）

```
1    # 1.準備
2    import pygame as pg, sys
3    import gamecontrol
4    pg.init()
5    screen = pg.display.set_mode((600, 650))
6    pg.display.set_caption("MYGAME")
7    game = gamecontrol.GameManager()
8    # 2.メインループ
```

▶次ページに続きます

```
 9  while True:
10      # 3.画面の初期化
11      screen.fill(pg.Color("NAVY"))
12      # 4.入力チェックや判断処理
13      game.update()
14      # 5.描画処理
15      game.draw(screen)
16      # 6.画面の表示
17      pg.display.update()
18      pg.time.Clock().tick(60)
19      # 7.閉じるボタンチェック
20      for event in pg.event.get():
21          if event.type == pg.QUIT:
22              pg.quit()
23              sys.exit()
```

 「**mygame.py**」の囲みの部分を順に解説していくよ。

「**mygame.py**」の「1.準備」部分を以下のように修正して、**gamecontol**をインポートします。代わりに、**player**と**enemy**のインポートは不要なので削除しています。

```
2  import gamecontrol
```

さらに7行目のように修正して、**GameManager**を作ります。**player**と**enemies**のインスタンスを作っていた部分を削除します。

```
7  game = gamecontrol.GameManager()
```

12〜15行目のように修正して、**GameManager**の更新と描画を行います。**player**と**enemies**の更新部分を削除します。

```
12    #  4.入力チェックや判断処理
13    game.update()
14    #  5.描画処理
15    game.draw(screen)
```

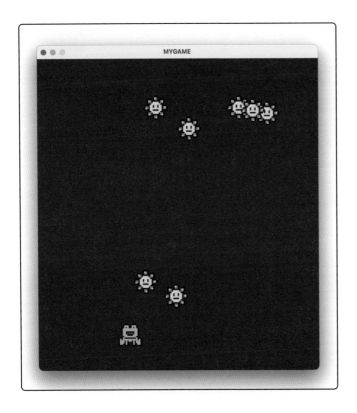

 主人公を敵にぶつけたら、敵が跳ね返るようになったね。えいっ！　え
いっ！　あれ？　**敵が下に落ちてどこかに消えちゃった。**

 ということで、次は敵が下に落ちたらゲームオーバーになるように修正す
るよ。

敵の落下でゲームオーバー
GameManagerクラスを修正
＝

> ゲームオーバー
> 画面を作るため、
> 結果の画面を
> 作っていきます。

 ゲームオーバー画面を作る

ここで作成＆修正する作業

・結果画面クラス（ResultScene）を作る …**1**

・メインプログラムを修正する …**2**

・ゲームマネージャクラス（GameManager）を修正する …**3**

・主人公クラス（Player）を修正する …**4**

 敵が下に落ちたらゲームオーバーにするには、どうすればいいか考えて
みよう。段階的に考えるよ。**❶**敵が下に落ちたか調べて、**❷**ゲームを停
止して、**❸**ゲームオーバーを表示して、**❹**スペースキーを押すとリプレイ
する、という流れになる。

細かく考えると、いろいろすることがあるね。

 まずは、中心となる「**結果画面（ゲームオーバー）**」をクラスで作るところ
から始めよう。「**❸結果画面を表示して、❹スペースキーを押すとリプ
レイする**」というところだ。

❸と**❹**をまとめてクラスで作るのね。

 クラス名は「**ResultScene（結果画面）**」だ。**メソッド**としては、❸ゲームオーバーを描画する「**draw（描画処理）**」と、❹スペースキーが押されたかを調べてリプレイさせる「**update（更新処理）**」の2つを用意する。

ふむふむ。

作成・修正するプログラム

ファイル名	内容
player.py	主人公クラスのプログラム
mygame.py	ゲームのメインプログラム
enemy.py	敵クラスのプログラム
gamecontrol.py	ゲームをコントロールするプログラム
resultscene.py	結果画面のプログラム

結果画面には、「GAME OVER」という画像と「Press SPACE to replay.」という説明文を表示させたい。だからプロパティは、そのデータとして「**ゲームオーバー画像（_gameover）**」と「**説明文（_msg）**」だ。と、ここまではいいけど、少し問題がある。それは「**どうやってゲームをリプレイするか**」だ。

どうやってって、ゲームをはじめからやり直せばいいんじゃないの？

問題はそれを行えるのは誰か、ということなんだ。**ResultScene**クラスは、「結果画面を表示するだけの部品」なので、ゲーム全体のことはよく知らない。

そうか。ゲームの他の情報は知らないのね。

実際に主人公と敵を作って配置しているのは**GameManager**だ。だから、リプレイするときは「**ResultScene**から**GameManager**にゲームのリセットをお願い」しようと思うんだ。

ResultSceneから**GameManager**にどうやってお願いするの？

ResultSceneに、「**GameManager**を入れるプロパティ」を用意して、そこに**GameManager**のインスタンスを入れておくんだ。**ResultScene**からは、このプロパティに入っている**GameManager**に対してリセットをお願いするんだ。

そうか。そのプロパティが**GameManager**へ通じる窓口になるのね。

ということで、「**GameManager**へ通じるプロパティ（_game）」も用意しておこう。

124

結果画面クラス

ResultScene[結果画面クラス]
· _game[ゲームマネージャ] · _msg[説明文字] · _gameover[画像データ]
· update()[更新処理] · draw()[描画処理]

プロパティ

メソッド

 以下がこのクラスをプログラムにしたものだ。「**resultscene.py**」という名前のファイルを作って入力しよう。

結果画面クラスの作成

※ここから作るプログラムをサンプルファイルで確認したい場合は、「chap405」フォルダをご覧ください。

py ❶プログラムの追加（resultscene.py）

```python
1  import pygame as pg
2
3  class ResultScene(): #【結果画面】
4      def __init__(self, game):
5          font = pg.font.Font(None, 50)
6          # プロパティ：どんなデータを持つのか?
7          self._game = game
8          self._msg = font.render("Press SPACE to replay.",
             True, pg.Color("WHITE"))
9          self._gameover= pg.image.load("images/gameover.png")
10
11     # メソッド：どんな処理をするのか?
12     def update(self): # 更新処理
13         key = pg.key.get_pressed()
14         if key[pg.K_SPACE]:
15             self._game.reset()
```

▶次ページに続きます

```
16
17    def draw(self, screen): # 描画処理
18        screen.blit(self._msg, (120, 380))
19        screen.blit(self._gameover, (50, 200))
```

 それでは、ここからプログラムの解説だ。入力プログラムの囲みの部分を
順に解説していくよ。

この**ResultScene クラス**は、「結果画面を表示するだけの部品」なので、ゲームをコントロールを
する**GameManager**を入れる「**_game**」プロパティを用意して、そこに**GameManager** のインスタン
スを入れるようにしておきます。

```
7        self._game = game
```

スペースキーが押されたら、ゲームをリセットします。ゲームのリセットは**GameManager**で行えるの
で、**GameManager**を入れていた **_game**を使って**reset()**を実行します。

```
13        key = pg.key.get_pressed()
14        if key[pg.K_SPACE]:
15            self._game.reset()
```

 ゲームを停止して結果画面を表示する

 次は「❷ゲームを停止して、結果画面を表示」する方法を考えよう。
ゲームを停止できるのはゲーム全体を動かしているところなので、メイン
プログラムを修正するよ。
**ここでゲーム中ならゲームの更新をして、ゲーム停止中ならゲームの更
新はせず、ゲームオーバーを表示する**という切り換えを行うんだ。

メインプログラムが、ゲーム全体を動かしているからね。

ただし、**敵が下に落ちたかどうかは、メインプログラムからは直接はわか**らない。**メインプログラムの中のGameManagerが動かしている敵の位置**だからね。そこで、落ちたかどうかを**GameManager**に調べてもらって、「**今はゲーム中か、ゲーム停止中か**」を合図してもらうようにするんだ。

合図？

この合図のことを一般的には**フラグ**というんだ。**GameManager**に、「**今はゲーム中か、停止中かというフラグ（is_playing）**」を用意する。通常は**True**にしておいて、敵が下に落ちたときに**False**に変更するんだ。

Trueならゲーム中、**False**ならゲーム停止中というわけね。

この**is_playing**をメインプログラムから見て、**True**のときにはゲームの更新処理を行い、**False**ならゲームオーバーを表示するように切り換えるんだ。「**mygame.py**」を以下のように修正しよう。

メインプログラムの修正

py **2** プログラムの修正（mygame.py）

```
1  # 1.準備
2  import pygame as pg, sys
3  import gamecontrol, resultscene
4  pg.init()
5  screen = pg.display.set_mode((600, 650))
6  pg.display.set_caption("MYGAME")
7  game = gamecontrol.GameManager()
8  result = resultscene.ResultScene(game)
9  # 2.メインループ
10 while True:
11     # 3.画面の初期化
12     screen.fill(pg.Color("NAVY"))
13     pg.draw.rect(screen, pg.Color("SEAGREEN"), (0,620,600,30))
14     # 4.入力チェックや判断処理
```

▶次ページに続きます

```
15    if game.is_playing == True:
16        game.update()
17    else:
18        result.update()
19    # 5.描画処理
20    game.draw(screen)
21    if game.is_playing == False:
22        result.draw(screen)
23    # 6.画面の表示
```

 入力プログラムの囲みの部分を順に解説していくよ。

準備を以下のように修正して、**resultscene** をインポートしておきます。

```
3   import gamecontrol, resultscene
```

さらに以下のように修正して、**ResultScene** のインスタンスを作ります。

```
8   result = resultscene.ResultScene(game)
```

メインループの中の「3.画面の初期化」部分を以下のように修正して、画面の下に落下エリアを描画しておきます。

```
13        pg.draw.rect(screen, pg.Color("SEAGREEN"), (0,620,600,30))
```

さらに、「4.入力チェックや判断処理」部分を以下のように修正して、ゲーム中はゲームを更新し、停止中は結果画面を更新します。

```
15    if game.is_playing == True:
16        game.update()
```

```
17        else:
18            result.update()
```

「5.描画処理」部分を以下のように修正して、停止中だけ結果画面を表示します。**game.draw**が停止中でも表示しているのは、ゲームオーバー時にゲームの状況がどうなったかを表示し続けるためです。

```
20        game.draw(screen)
21        if game.is_playing == False:
22            result.draw(screen)
```

 敵が下に落ちたか判定する

 次は❶敵が下に落ちたかを調べる修正だ。これは**GameManager**の中で行う。
「**ゲーム中かどうかのフラグ（is_playing）**」のプロパティを追加して、ゲッターメソッドで外から見れるようにしておいて、最初は**True**、敵が下に落ちたら**False**にするんだ。

で、これをメインプログラムで見るわけね。

 結果画面でスペースキーを押したとき、ゲームをリセットするメソッドも**GameManager**に作る必要がある。**reset**メソッドを作って、プロパティの初期化をしていた部分を**reset**メソッドの中に入れるんだ。これで、**ResultScene**からの**reset**命令でリプレイできるようになるわけだ。「**gamecontrol.py**」を次のように修正しよう。

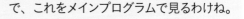 ❸プログラムの修正（gamecontrol.py）

```
4   class GameManager(): #【ゲーム管理】
5       def __init__(self):
```

▶次ページに続きます

4
オブジェクト指向でゲームを作ろう

```python
 6        # プロパティ:どんなデータを持つのか?
 7        self._player = player.Player()
 8        self._enemies = []
 9        self.reset()
10
11    @property
12    def is_playing(self):
13        return self._is_playing
14
15    # メソッド:どんな処理をするのか?
16    def reset(self): # ゲームのリセット
17        self._is_playing = True
18        self._player.reset()
19        self._enemies.clear()
20        for i in range(8):
21            self._enemies.append(enemy.Enemy())
22
23    def update(self): # 更新処理
24        self._player.update()
25        for e in self._enemies:
26            e.update()
27            # 敵が下に落ちたら停止
28            if e.rect.y >= 580:
29                self._is_playing = False
30            # 敵と主人公が衝突したら、敵を上に移動
```

 入力プログラムの囲みの部分を順に解説していくよ。

7〜9行目のように修正して、プロパティを**reset**メソッドで初期化します。

```python
 7        self._player = player.Player()
 8        self._enemies = []
 9        self.reset()
```

11〜13行目のように修正して、**is_playing**プロパティを外から見れるようにします。

```
11        @property
12     def is_playing(self):
13         return self._is_playing
```

16〜21行目のように修正して、**reset**メソッドを追加します。**is_playing**を**True**にして、主人公をリセットし、敵リストを消去してから、8匹の敵を作り直します。ただし、今は**主人公のリセット命令がないので**、このあと作ります。

```
16     def reset(self): # ゲームのリセット
17         self._is_playing = True
18         self._player.reset()
19         self._enemies.clear()
20         for i in range(8):
21             self._enemies.append(enemy.Enemy())
```

「更新処理」の部分を以下のように修正して、敵が下に落ちたら**is_playing**を**False**にします。

```
28             if e.rect.y >= 580:
29                 self._is_playing = False
```

主人公クラスの修正

さきほどの**reset**メソッドを書いていたとき、「**主人公をリセットする命令**」がなかったので、次は**Player**クラスに**reset**メソッドを追加しよう。「**player.py**」を以下のように修正して追加するんだ。**reset**メソッドを作って、プロパティの初期化をしていた部分を**reset**メソッドに入れるよ。

py 4 プログラムの修正（player.py）

```
3 class Player(): #【主人公】
```

▶次ページに続きます

```
4    def __init__(self):
5        #  プロパティ:どんなデータを持つのか?
6        self.reset()
7
8    @property
9    def rect(self):
10        return self._rect
11   @rect.setter
12    def rect(self, value):
13        self._rect = value
14
15    #  メソッド:どんな処理をするのか?
16    def reset(self):  # このキャラのリセット
17        self._images = [
18            pg.image.load("images/kaeru1.png"),
19            pg.image.load("images/kaeru2.png"),
20            pg.image.load("images/kaeru3.png"),
21            pg.image.load("images/kaeru4.png")
22        ]
23        self._cnt = 0
24        self._image = self._images[0]
25        self._rect = pg.Rect(250, 550, 50, 50)
26        self._speed = 10
```

 さあ、これで修正完了だ。実行してみよう。

落としたらゲームオーバーになって、スペースキーで何度でも遊べる！
でもこのゲーム、**いくらがんばってもゲームをクリアできないよ。**

 だって、ゲームクリアがないからね。ということで次は、ゲームクリアを追加しよう。

敵に
HPを追加します。
いよいよ
ゲームらしくなって
きました。

CHAPTER
4.6
敵にHP機能を追加
Enemyクラスを修正

敵にHPを追加する

ここで作成＆修正する作業

・敵クラス（Enemy）を修正する　…**1** **2**
・結果画面クラス（ResultScene）を修正する　…**3** **4**
・ゲームマネージャクラス（GameManager）を修正する　…**5** **6**

 このゲームにゲームクリアのしくみを追加しよう。ゲームクリアの条件は、
跳ね返すと敵のHPが少しずつ減って、HPがゼロになれば敵を倒せて、
全部の敵を倒すとゲームクリアになる、というのはどうだろう。

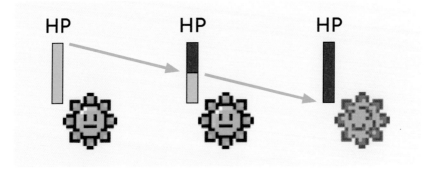

敵にHPバーを追加。跳ね返すとHPが少しずつ減り、0になると倒せる

ゲームっぽくていい感じね。だけど、難しそうだな〜。

134

段階的に考えてみよう。まず、❶敵にHPを追加する。❷主人公と敵が衝突すると敵のHPを少し減らし、HPがゼロになったらその敵は倒れて消える。敵を全部倒したらゲームクリア状態になり、❸ゲームクリアを表示して、❹スペースキーでリプレイする、という流れで実現できる。

 敵にHPを追加するって、なんかカッコイイね。

 じゃあ、「❶敵にHPを追加」するところから始めよう。HPバーでは「もともとHPがどれだけあって、今どのくらいに減っているか」を表現したいと思う。だから、プロパティには「最大HP（_maxhp）」と「現在のHP（_hp）」を用意しよう。ゲッターメソッドはどちらにも付けて、現在のHPは変更できるようにセッターメソッドも付けておこう。最大HPは100だ。「enemy.py」を修正するよ。

4

オブジェクト指向でゲームを作ろう

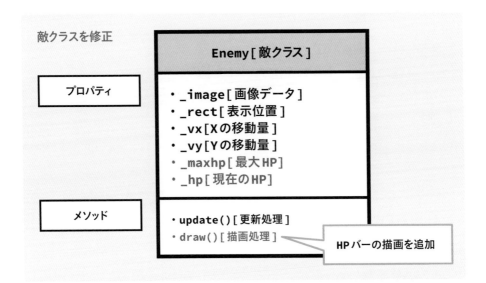

敵クラスを修正

Enemy [敵クラス]

プロパティ

- **_image** [画像データ]
- **_rect** [表示位置]
- **_vx** [Xの移動量]
- **_vy** [Yの移動量]
- _maxhp [最大HP]
- _hp [現在のHP]

メソッド

- update() [更新処理]
- draw() [描画処理]

HPバーの描画を追加

※ここから作るプログラムをサンプルファイルで確認したい場合は、「chap406」フォルダをご覧ください。

敵クラスの修正

 ❶プログラムの修正（enemy.py）

```
11          self._vx = random.uniform(-4, 4)
```

▶次ページに続きます

```
12          self._vy = random.uniform(-1, -4)
13          self._maxhp = 100
14          self._hp = 100
15
16      @property
17      def maxhp(self):
18          return self._maxhp
19      @property
20      def hp(self):
21          return self._hp
22      @hp.setter
23      def hp(self, value):
24          self._hp = value
```

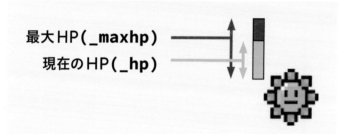

最大HP(**_maxhp**)
現在のHP(**_hp**)

最大HPと現在のHPを用意する

HPを追加したら、これらをつかって、敵の横にHPバーを表示させよう。
「**enemy.py**」を以下のように修正するよ。

py **2** プログラムの修正（enemy.py）

```
47      def draw(self, screen): # 描画処理
48          screen.blit(self._image, self._rect)
49          # hpbar
50          rect1 = pg.Rect(self._rect.x, self._rect.y - 20, 4, 20)
51          h = (self._hp / self._maxhp) * 20
52          rect2 = pg.Rect(self._rect.x, self._rect.y - h, 4, h)
```

```
53        pg.draw.rect(screen, pg.Color("RED"), rect1)
54        pg.draw.rect(screen, pg.Color("GREEN"), rect2)
```

HPbarの計算の図解

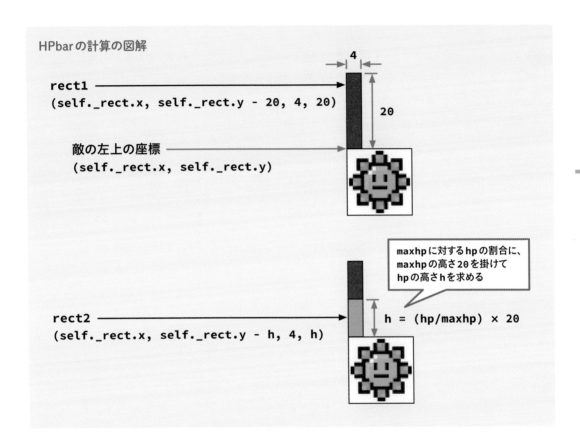

rect1
(self._rect.x, self._rect.y - 20, 4, 20)

敵の左上の座標
(self._rect.x, self._rect.y)

maxhpに対するhpの割合に、maxhpの高さ20を掛けてhpの高さhを求める

rect2
(self._rect.x, self._rect.y - h, 4, h)

h = (hp/maxhp) × 20

結果画面クラスの修正

 次は、「❸ゲームクリアを表示して、❹スペースキーでリプレイする」部分を作ろう。

 おや？　「❸と❹」は、ゲームオーバーのしくみと似てるね。

 だよね。だから、**ResultScene**を修正して、ゲームクリアも表示できるようにしよう。まずは、ゲームクリア画像用のプロパティを10行のように追加して、画像を読み込むように修正しよう。
```
```

```
9            self._gameover= pg.image.load("images/gameover.png")
10           self._gameclear= pg.image.load("images/gameclear.png")
```

 さらに、**draw**メソッドを修正する。ゲーム停止時に、**ゲームクリアしていたらゲー
ムクリア、そうでなかったらゲームオーバーを表示する**ように修正すればいいんだ。

py ❹プログラムの修正（resultscene.py）

```
18    def draw(self, screen): # 描画処理
19        screen.blit(self._msg, (120, 380))
20        if self._game.is_playing == False:
21            if self._game.is_cleared == True:
22                screen.blit(self._gameclear, (50, 200))
23            else:
24                screen.blit(self._gameover, (50, 200))
```

ゲームマネージャクラスの修正

 そして最後は、「❷**主人公と敵が衝突するとHPを少し減らし、HPがゼロになった
ら敵を倒し、全部倒したらゲームクリア状態になる**」という修正だ。衝突判定は
GameManagerで調べることができる。さらに、敵を消去したり、全部の敵を消去
したかについても**GameManager**で調べられるので、**GameManager**を修正しよう。
まずは、「**全部の敵を倒したのでゲームをクリアした**」という合図をメインプログラ
ムに送る必要があるので、「**ゲームクリアかどうかのプロパティ（is_cleard）**」を
追加しよう。「**gamecontrol.py**」を修正だ。

py ❺プログラムの修正（gamecontrol.py）

```
11        @property
12        def is_playing(self):
13            return self._is_playing
14        @property
```

138

```
15    def is_cleared(self):
16        return self._is_cleared
17
18    # メソッド:どんな処理をするのか?
19    def reset(self):  # ゲームのリセット
20        self._is_playing = True
21        self._is_cleared = False
22        self._player.reset()
```

 最後に、敵と主人公が衝突したあとに「❷主人公と敵が衝突するとHP を少し減らし、HPがゼロになったら敵を倒し、全部倒したらゲームクリ ア状態になる処理」を追加しよう。

py ❻プログラムの修正（gamecontrol.py）

```
34                # 敵と主人公が衝突したら、敵を上に移動
35                if e.rect.colliderect(self._player.rect):
36                    e.rect.y =  self._player.rect.y - 70
37                    e.vy = -abs(e.vy)
38                    e.hp -= 50
39                    if e.hp <= 0:
40                        self._enemies.remove(e)
41                        if len(self._enemies) == 0:
42                            self._is_playing = False
43                            self._is_cleared = True
44                        return
```

 「敵のHPを減らす処理」部分の以下のプログラムで、敵のHPを少し減 らしている。ただし、今は敵のHPプロパティはないので、このあと作るよ。

```
38                    e.hp -= 50
```

「ゲームクリアにする処理」部分の以下のプログラムで、HPが「0」以下になったら敵を削除し、敵の残りが0ならゲーム停止にしてゲームクリア状態にする。

```
39              if e.hp <= 0:
40                  self._enemies.remove(e)
41                  if len(self._enemies) == 0:
42                      self._is_playing = False
43                      self._is_cleared = True
44          return
```

 これでできあがりだ。実行してみよう。

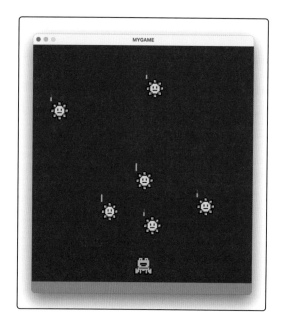

 敵にHPバーが付いて、跳ね返したらバーが短くなった。2回で敵が消えて、そして全部倒したら…ゲームクリアだ！　やったね。

 さあ、これでゲームとしての基本機能がそろって、遊べるようになったね。

4.7
敵の種類を増やす
Enemyクラスを継承

継承を使って
敵のパターンを
増やして
いきますよ。

 敵のバリエーションを増やす

ここで作成&修正する作業
・敵クラス（**Enemy**）を修正する …**1**
・ゲームマネージャクラス（**GameManager**）を修正する …**2**

4

オブジェクト指向でゲームを作ろう

 一応ゲームとしては動くようになったけど、さらに拡張してみよう。敵のクラスを増やして、**敵の種類を増やす**よ。

そう、これこれ！　わたしはこれがやりたかったのよ！

 ここまでしっかり作ってきたから、敵の種類を増やすのは、継承を使えば簡単にできるよ。今の敵を継承して、そこから「**素早く動く炎の敵**」と「**固くて壊れにくい氷の敵**」を作ってみるんだ。

面白そう！　どうやるの？

 Enemy クラスを継承して、「**FlameEnemy（炎の敵）**」クラスと、「**IceEnemy（氷の敵）**」を作るんだ。このとき、元の **Enemy** クラスと違うところだけを書くんだよ。例えば、**FlameEnemy** なら、素早く動かすために **XY** の移動量を増す。**IceEnemy** なら、壊れにくいので **HP** の最大値を多くする。違いがわかるように「**違う画像**」を使うようにしようか。これで違う敵が作れるよ。

炎の敵クラス、氷の敵クラス

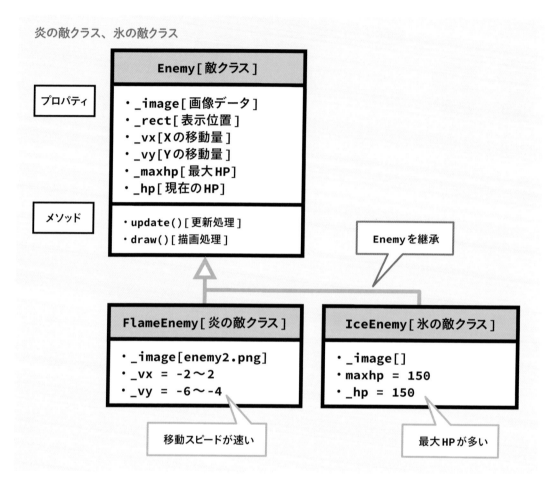

それが次のプログラムだ。この「炎の敵クラス」と「氷の敵クラス」の
2つを「**enemy.py**」の最後に追加しよう。

※ここから作るプログラムをサンプルファイルで確認したい場合は、「chap407」フォルダをご覧ください。

敵クラスの修正

 1 プログラムの修正（enemy.py）

```
53        pg.draw.rect(screen, pg.Color("RED"), rect1)
54        pg.draw.rect(screen, pg.Color("GREEN"), rect2)
```

```
55
56  class FlameEnemy(Enemy):  #【炎の敵】
57      def __init__(self):
58          super().__init__()
59          # どんなデータを持つのか？
60          self._image = pg.image.load("images/enemy2.png")
61          self._vx = random.uniform(-2, 2)
62          self._vy = random.uniform(-6, -4)
63
64  class IceEnemy(Enemy):  #【氷の敵】
65      def __init__(self):
66          super().__init__()
67          # どんなデータを持つのか？
68          self._image = pg.image.load("images/enemy3.png")
69          self._maxhp = 150
70          self._hp = 150
```

ゲームマネージャクラスの修正

 敵のクラスを増やしたら、それを登場させるように修正しよう。敵を作っているところは、**GameManager** の **reset** メソッドなので、ここを修正する。確認のため、簡単に「普通の敵2匹、炎の敵1匹、氷の敵1匹」を作ってみよう。「**gamecontrol. py**」の **reset** メソッドを以下のように修正して、実行してみよう。

py **2** プログラムの修正（gamecontrol.py）

```
19      def reset(self):  # ゲームのリセット
20          self._is_playing = True
21          self._is_cleared = False
22          self._player.reset()
23          self._enemies.clear()
24          for i in range(2):
25              self._enemies.append(enemy.Enemy())
```

▶次ページに続きます

143

```
26          for i in range(1):
27              self._enemies.append(enemy.FlameEnemy())
28          for i in range(1):
29              self._enemies.append(enemy.IceEnemy())
```

 「ゲームのリセット」部分の以下のプログラムで、「普通の敵2匹、炎の敵1匹、氷の敵1匹」を作っているよ。修正が完了したら、実行してみよう。

```
24          for i in range(2):
25              self._enemies.append(enemy.Enemy())
26          for i in range(1):
27              self._enemies.append(enemy.FlameEnemy())
28          for i in range(1):
29              self._enemies.append(enemy.IceEnemy())
```

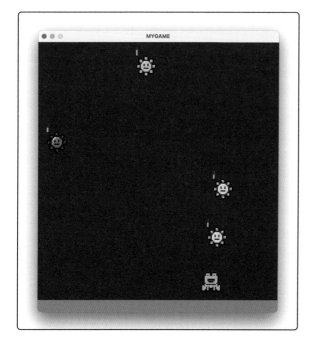

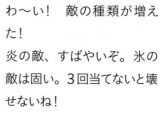 わ〜い！ 敵の種類が増えた！
炎の敵、すばやいぞ。氷の敵は固い。3回当てないと壊せないね！

144

敵が爆発する
アニメーションを
敵クラスに
追加していきます。

CHAPTER
4.8
爆発エフェクト
BombEffectクラスを追加

 敵を爆発させる

ここで作成＆修正する作業
・敵クラス（**Enemy**）を修正する …**1**
・ゲームマネージャクラス（**GameManager**）を修正する …**2 3 4 5**

 さらに拡張してみよう。今の状態だと、敵を倒したとき、スッと消えるだけで倒せたかがわかりにくいよね。だから、敵を倒したら爆発するように修正しようと思うんだ。

爆発っ！　それは達成感があっていいかも。

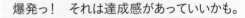

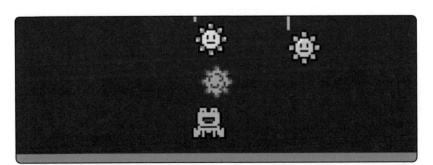

倒したら爆発するしくみを作る

 これもクラスで作るよ。爆発効果の部品なので、「**BombEffect**」クラスだ。

爆発ってどう作るの？

 爆発のアニメーションを表示する部品を作るんだよ。そして、アニメーションが終わったら自動的に削除する。演出用の部品だね。これを、敵を削除したときに代わりに登場させれば、そこで爆発して、勝手に消えてくれる。使いやすいでしょう？

なるほどね〜。

 それが次のプログラムだ。爆発のクラスを、「**enemy.py**」の最後、72行目以降に追加しよう。

※ここから作るプログラムをサンプルファイルで確認したい場合は、「chap408」フォルダをご覧ください。

敵クラスの修正

```python
69        self._maxhp = 150
70        self._hp = 150
71
72 class BombEffect(): #【爆発エフェクト】
73     def __init__(self, rect, effects):
74         # プロパティ：どんなデータを持つのか？
75         self._images = [
76             pg.image.load("images/bomb_0.png"),
77             pg.image.load("images/bomb_1.png"),
78             pg.image.load("images/bomb_2.png"),
79             pg.image.load("images/bomb_3.png"),
80             pg.image.load("images/bomb_4.png"),
81             pg.image.load("images/bomb_5.png")
82         ]
83         self._image = self._images[0]
84         self._effects = effects
85         self._rect = rect
86         self._cnt = 0
87
88         # メソッド：どんな処理をするのか？
89     def update(self): # 更新処理
90         self._cnt += 1
91         idx = self._cnt // 5
92         if idx <= 5:
93             self._image = self._images[idx]
94         else:
95             self._effects.remove(self)
96
97     def draw(self, screen): # 描画処理
98         screen.blit(self._image, self._rect)
```

入力プログラムの囲みの部分を順に解説していくよ。

以下のプログラムで、爆発のアニメーションの画像を読み込みます。

```
75        self._images = [
76            pg.image.load("images/bomb_0.png"),
77            pg.image.load("images/bomb_1.png"),
78            pg.image.load("images/bomb_2.png"),
79            pg.image.load("images/bomb_3.png"),
80            pg.image.load("images/bomb_4.png"),
81            pg.image.load("images/bomb_5.png")
82        ]
```

以下のプログラムで、アニメーションの画像を少しずつ切り換えて、画像を全部表示し終わったら、エフェクトリストから自分自身を削除します。ただし、今は**エフェクトリスト**はないので、このあと作ります。

```
89    def update(self): # 更新処理
90        self._cnt += 1
91        idx = self._cnt // 5
92        if idx <= 5:
93            self._image = self._images[idx]
94        else:
95            self._effects.remove(self)
```

 メインゲームにプロパティを用意する

 この**BombEffect**も、主人公や敵と同じように**GameManager**で動かすので、入れておくプロパティを用意しよう。複数爆発することも考えて「**エフェクトリスト (_effects)**」を用意しておくよ。
「**gamecontrol.py**」を修正しよう。

ゲームマネージャクラスの修正

📄py **2**プログラムの修正（gamecontrol.py）

```
5      def __init__(self):
6          #  プロパティ:どんなデータを持つのか?
7          self._player = player.Player()
8          self._enemies = []
9          self._effects = []
10         self.reset()
```

 さらに、爆発アニメを動かすプログラムも追加する。更新は**update**メソッド
で行っているから、ここの主人公や敵を更新しているところで、同じようにエ
フェクトリストのエフェクトも更新させるんだ。

📄py **3**プログラムの修正（gamecontrol.py）

```
32     def update(self):  # 更新処理
33         for e in self._effects:
34             e.update()
35         self._player.update()
36         for e in self._enemies:
37             e.update()
```

 そして、爆発を登場させるプログラムを作ろう。「敵が消えるとき」…つまり、
敵のHPが0以下になったときに、**BombEffect**を作り、エフェクトリストに
追加するんだ。

📄py **4**プログラムの修正（gamecontrol.py）

```
46                     if e.hp <= 0:
47                         b = enemy.BombEffect(e.rect, self.
                              _effects)
```

▶次ページに続きます

オブジェクト指向でゲームを作ろう

```
48          self._effects.append(b)
49          self._enemies.remove(e)
```

 最後に爆発の描画を追加しよう。これで、敵が爆発するしくみのできあがりだよ。実行してみよう。

py **5** プログラムの修正（gamecontrol.py）

```
55      def draw(self, screen): # 描画処理
56          for e in self._effects:
57              e.draw(screen)
58          self._player.draw(screen)
59          for e in self._enemies:
60              e.draw(screen)
```

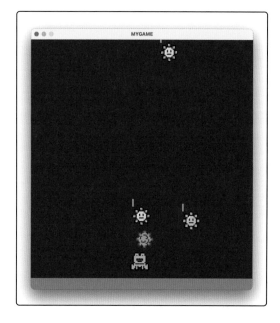

 えいっ！ とりゃとりゃ！ 敵を倒して爆発するの気持ちいいね。クラスって、ほんとに新しい部品を作る感じで作っていけるのね。

プログラムの完成版を書いておくよ。

py 完成プログラム：（mygame.py）

```
1   # 1.準備
2   import pygame as pg, sys
3   import gamecontrol, resultscene
4   pg.init()
5   screen = pg.display.set_mode((600, 650))
6   pg.display.set_caption("MYGAME")
7   game = gamecontrol.GameManager()
8   result = resultscene.ResultScene(game)
9   # 2.メインループ
10  while True:
11      # 3.画面の初期化
12      screen.fill(pg.Color("NAVY"))
13      pg.draw.rect(screen, pg.Color("SEAGREEN"), (0,620,600,30))
14      # 4.入力チェックや判断処理
15      if game.is_playing == True:
16          game.update()
17      else:
18          result.update()
19      # 5.描画処理
20      game.draw(screen)
21      if game.is_playing == False:
22          result.draw(screen)
23      # 6.画面の表示
24      pg.display.update()
25      pg.time.Clock().tick(60)
26      # 7.閉じるボタンチェック
27      for event in pg.event.get():
28          if event.type == pg.QUIT:
29              pg.quit()
30              sys.exit()
```

```python
import pygame as pg
import random, player, enemy

class GameManager(): #【ゲーム管理】
    def __init__(self):
        #  プロパティ：どんなデータを持つのか？
        self._player = player.Player()
        self._enemies = []
        self._effects = []
        self.reset()

    @property
    def is_playing(self):
        return self._is_playing
    @property
    def is_cleared(self):
        return self._is_cleared

    #  メソッド：どんな処理をするのか？
    def reset(self): #  ゲームのリセット
        self._is_playing = True
        self._is_cleared = False
        self._player.reset()
        self._enemies.clear()
        for i in range(2):
            self._enemies.append(enemy.Enemy())
        for i in range(1):
            self._enemies.append(enemy.FlameEnemy())
        for i in range(1):
            self._enemies.append(enemy.IceEnemy())

    def update(self): #  更新処理
        for e in self._effects:
            e.update()
```

```
35              self._player.update()
36          for e in self._enemies:
37              e.update()
38              # 敵が下に落ちたら停止
39              if e.rect.y >= 580:
40                  self._is_playing = False
41              # 敵と主人公が衝突したら、敵を上に移動
42              if e.rect.colliderect(self._player.rect):
43                  e.rect.y = self._player.rect.y - 70
44                  e.vy = -abs(e.vy)
45                  e.hp -= 50
46                  if e.hp <= 0:
47                      b = enemy.BombEffect(e.rect, self._effects)
48                      self._effects.append(b)
49                      self._enemies.remove(e)
50                      if len(self._enemies) == 0:
51                          self._is_playing = False
52                          self._is_cleared = True
53                      return
54
55      def draw(self, screen): # 描画処理
56          for e in self._effects:
57              e.draw(screen)
58          self._player.draw(screen)
59          for e in self._enemies:
60              e.draw(screen)
```

4

オブジェクト指向でゲームを作ろう

py 完成プログラム：(resultscene.py)

```
1  import pygame as pg
2
3  class ResultScene(): #【結果画面】
4      def __init__(self, game):
5          font = pg.font.Font(None, 50)
6          # プロパティ：どんなデータを持つのか？
```

▶次ページに続きます

```
7          self._game = game
8          self._msg = font.render("Press SPACE to replay.",
               True, pg.Color("WHITE"))
9          self._gameover= pg.image.load("images/gameover.png")
10         self._gameclear= pg.image.load("images/gameclear.png")
11
12     # メソッド：どんな処理をするのか？
13     def update(self): # 更新処理
14         key = pg.key.get_pressed()
15         if key[pg.K_SPACE]:
16             self._game.reset()
17
18     def draw(self, screen): # 描画処理
19         screen.blit(self._msg, (120, 380))
20         if self._game.is_playing == False:
21             if self._game.is_cleared == True:
22                 screen.blit(self._gameclear, (50, 200))
23             else:
24                 screen.blit(self._gameover, (50, 200))
```

📄 完成プログラム：（player.py）

```
1  import pygame as pg
2
3  class Player(): #【主人公】
4      def __init__(self):
5          # プロパティ：どんなデータを持つのか？
6          self.reset()
7
8      @property
9      def rect(self):
10         return self._rect
11     @rect.setter
12     def rect(self, value):
13         self._rect = value
```

```
14
15      # メソッド：どんな処理をするのか？
16      def reset(self):  # このキャラのリセット
17          self._images = [
18              pg.image.load("images/kaeru1.png"),
19              pg.image.load("images/kaeru2.png"),
20              pg.image.load("images/kaeru3.png"),
21              pg.image.load("images/kaeru4.png")
22          ]
23          self._cnt = 0
24          self._image = self._images[0]
25          self._rect = pg.Rect(250, 550, 50, 50)
26          self._speed = 10
27
28      def update(self):  # 更新処理
29          key = pg.key.get_pressed()
30          vx = 0
31          if key[pg.K_RIGHT]:
32              vx = self._speed
33          if key[pg.K_LEFT]:
34              vx = -self._speed
35          if self._rect.x + vx < 0 or self._rect.x + vx > 550:
36              vx = 0
37          self._rect.x += vx
38          self._cnt += 1
39          self._image = self._images[self._cnt // 5 % 4]
40
41      def draw(self, screen):  # 描画処理
42          screen.blit(self._image, self._rect)
```

4

オブジェクト指向でゲームを作ろう

```python
1   import pygame as pg
2   import random
3
4   class Enemy(): #[敵]
5       def __init__(self):
6           x = random.randint(100,500)
7           y = random.randint(100,200)
8           # プロパティ：どんなデータを持つのか?
9           self._image = pg.image.load("images/enemy1.png")
10          self._rect = pg.Rect(x, y, 50, 50)
11          self._vx = random.uniform(-4, 4)
12          self._vy = random.uniform(-1, -4)
13          self._maxhp = 100
14          self._hp = 100
15
16      @property
17      def maxhp(self):
18          return self._maxhp
19      @property
20      def hp(self):
21          return self._hp
22      @hp.setter
23      def hp(self, value):
24          self._hp = value
25      @property
26      def rect(self):
27          return self._rect
28      @rect.setter
29      def rect(self, value):
30          self._rect = value
31      @property
32      def vy(self):
33          return self._vy
34      @vy.setter
```

```python
35      def vy(self, value):
36          self._vy = value
37
38      # メソッド：どんな処理をするのか？
39      def update(self):  # 更新処理
40          if self._rect.x < 0 or self._rect.x > 550:
41              self._vx = -self._vx
42          if self._rect.y < 0:
43              self._vy = -self._vy
44          self._rect.x += self._vx
45          self._rect.y += self._vy
46
47      def draw(self, screen):  # 描画処理
48          screen.blit(self._image, self._rect)
49          # hpbar
50          rect1 = pg.Rect(self._rect.x, self._rect.y - 20, 4, 20)
51          h = (self._hp / self._maxhp) * 20
52          rect2 = pg.Rect(self._rect.x, self._rect.y - h, 4, h)
53          pg.draw.rect(screen, pg.Color("RED"), rect1)
54          pg.draw.rect(screen, pg.Color("GREEN"), rect2)
55
56  class FlameEnemy(Enemy):  #【炎の敵】
57      def __init__(self):
58          super().__init__()
59          # どんなデータを持つのか？
60          self._image = pg.image.load("images/enemy2.png")
61          self._vx = random.uniform(-2, 2)
62          self._vy = random.uniform(-6, -4)
63
64  class IceEnemy(Enemy):  #【氷の敵】
65      def __init__(self):
66          super().__init__()
67          # どんなデータを持つのか？
68          self._image = pg.image.load("images/enemy3.png")
69          self._maxhp = 150
```

▶次ページに続きます

```python
70          self._hp = 150
71
72  class BombEffect():  #【爆発エフェクト】
73      def __init__(self, rect, effects):
74          # プロパティ：どんなデータを持つのか？
75          self._images = [
76              pg.image.load("images/bomb_0.png"),
77              pg.image.load("images/bomb_1.png"),
78              pg.image.load("images/bomb_2.png"),
79              pg.image.load("images/bomb_3.png"),
80              pg.image.load("images/bomb_4.png"),
81              pg.image.load("images/bomb_5.png")
82          ]
83          self._image = self._images[0]
84          self._effects = effects
85          self._rect = rect
86          self._cnt = 0
87
88      # メソッド：どんな処理をするのか？
89      def update(self):  # 更新処理
90          self._cnt += 1
91          idx = self._cnt // 5
92          if idx <= 5:
93              self._image = self._images[idx]
94          else:
95              self._effects.remove(self)
96
97      def draw(self, screen):  # 描画処理
98          screen.blit(self._image, self._rect)
```

5

デザインパターンを
使ってみよう

頻出する問題を解決するための知恵
をまとめたもの、それがデザインパター
ンです。ここでは「ステートパターン」
「ファクトリーパターン」「オブザーバー
パターン」「シングルトンパターン」を使
って、サウンド付きのシューティング
ゲームを作ります。

〇〇OPで
よく使う設計を
パターン化した
ものがデザイン
パターンです。

〇〇OPは「部品の組み合わせ」で複雑なしくみを考えていけるので作りやすいよね。複雑なしくみは、その**構造**に注目していくと、実は他のプログラムでも**似た構造**になっていることがよくあるんだ。そしてそういうパターンでは多くの場合、すでに「**効率の良い作り方**」があったりするので、それを利用すれば作りやすくなる。この**パターン**にはいくつかの種類があるんだけれど、それらをまとめたものを「**デザインパターン**」というんだ。

デザインパターン？　グラフィックスの模様みたいなこと？

いやいや、「**プログラムの作り方のパターン**」のことだよ。いろいろな種類があって厳密には決まっていないけれど、Gang of Four（GoF）と呼ばれる4人の学者らによって、23種類に分類されているよ。

そんなにあるんだ。

デザインパターンは、うまく使えば便利なツールだよ。ただし、あくまでも「パターン」は「パターン」。「ルール」ではないから、状況にあわせてカスタマイズして使うのがいい。 柔軟に使うことが大事なんだ。それでは、デザインパターンの具体例について、やさしく解説していくよ。

CHAPTER
5.2
ステートパターン
声優

状態の変化に
よって動作が
変化するときには
ステートパターンが
使えます。

まずは、デザインパターン23種類のうちの1つ、「**ステートパターン**」の
紹介だ。これは例えて言うと、「**声優**」なんだ。

声優さん？

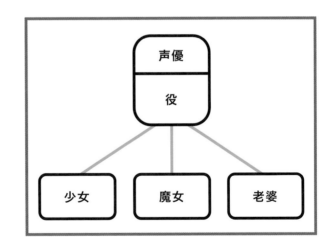

声優は一人で、いろいろなキャラクタの声を演じ分けることができるよね。
例えばある声優が台本を見て、これは少女のセリフだとわかると、少女に
成りきって喋れるし、これは魔女のセリフだとわかると、魔女に成りきって
喋ることができる。

たしかに。同じ人なのに別人のように喋り方が切り換わるよね。

同じように、ステートパターンを使うと、**1つのオブジェクトに、状態によって違った振る舞いをさせることができる**んだ。例えば、ゲームの主人公にステートパターンを使うと、状態によって主人公にいろいろなアニメーションをさせることができるんだよ。

まるで、声優みたいに？

例えば主人公に、ただ立っているだけの「待機状態アニメ」、走っている「移動状態アニメ」、敵に攻撃を受けた「ダメージ状態アニメ」をさせたいとする。その場合、この3つのクラスを作るんだ。

状態の違うクラスをそれぞれ作るの？

それぞれのクラスに、「描画しろ（draw）」と命令すると、それぞれ違うアニメーションを行うんだ。

あ！　え～と、え～と…。ポリモーフィズムね。

ポリモーフィズム

・いろいろなオブジェクトを同じ命令（メソッド）で扱うことができる。

ポリモーフィズムの作り方

def 親クラスと同じ名前のメソッド(**self**)：
　　このクラスでの実行内容（親クラスのメソッドを上書きする）

その通り。そして、なにもしていないときは「**待機状態**」、左右キーが押されたら「**移動状態**」、敵と衝突したら「**ダメージ状態**」に切り換えてから、「描画しろ（draw）」と命令すれば、それぞれの状態で違ったアニメーションをさせることができるというわけだ。

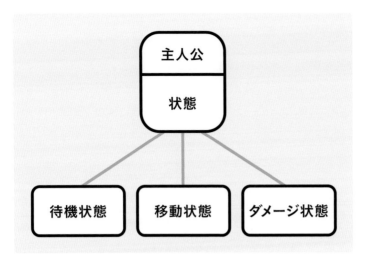

なるほど。クラスを切り換えることで、振る舞いが切り替わるのね。

同じようなしくみを、**if文**を使って書くこともできるけれど、プログラムが複雑になることが多い。新しい状態がもっと増えたりすると、さらに複雑になりがちだ。でも「**ステートパターン**」を使うと、プログラムが整理されるし、新しい状態が増えても、新しいクラスを作成するだけで対応できるんだよ。

 ステートパターンの作り方

具体的にステートパターンがどのようなプログラムになるのか、声優を例にプログラムを作ってみよう。

どうやって作るの？

ステートパターンでは、「**それぞれの役（状態）のクラス**」を作り、声優にこの「ある役のクラス」を設定したり、差し替えたりすることで、演じる役を変えていくんだ。

本当に、中身を差し替えていくのね。

差し替えができるように、まず共通フォーマットとして「**状態の基本形となるクラス（State）**」を作り、「それぞれの役のクラス」は、これを継承してそれぞれの役を作っていくんだ。**State**クラスには、共通で使うメソッドの空っぽバージョン（抽象メソッド）も作っておくよ。今回は、セリフを喋る**say**メソッドを作っておく。

 同じフォーマットから、いろいろな役を作っていくわけね。

 今回は3つの役に切り替わるので、この**State**クラスを継承して、「少女クラス（**GirlState**）」「魔女クラス（**WitchState**）」「老婆クラス（**GrandmotherState**）」を作るんだ。このとき、**say**メソッドを上書き（オーバーライド）することで、それぞれの役特有のセリフを喋るようにするんだよ。

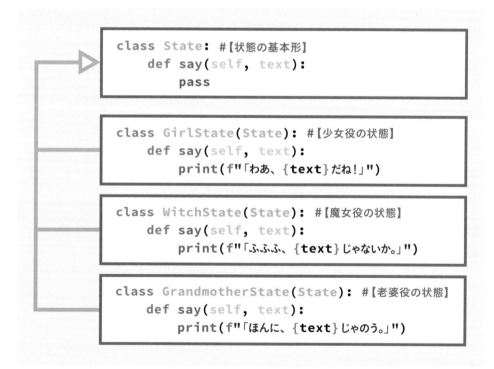

```python
class State:  #【状態の基本形】
    def say(self, text):
        pass
```

```python
class GirlState(State):  #【少女役の状態】
    def say(self, text):
        print(f"「わあ、{text}だね！」")
```

```python
class WitchState(State):  #【魔女役の状態】
    def say(self, text):
        print(f"「ふふふ、{text}じゃないか。」")
```

```python
class GrandmotherState(State):  #【老婆役の状態】
    def say(self, text):
        print(f"「ほんに、{text}じゃのう。」")
```

 なるほど、こうすれば同じ**say**メソッドなのに、役ごとに違うセリフになるんだね。

そして、声優にこの「役のクラス」を入れたり、差し替えるプログラムを作っていく。声優となる**VoiceActressクラス**を作り、**今の状態を入れるプロパティ（_state）」**を作るんだ。

この**_state**が、「今の役」なのね。

そして、「役を切り換えるメソッド（**roleplaying**）」を用意して、このメソッドで**_state**を「少女、魔女、老婆」と差し替える。あとは、セリフを喋るときに、この**_state**の**say**メソッドを実行すれば、「差し替えた状態の振る舞い」を行ってくれるので、それぞれ違った役を行ってくれるというわけだ。

```python
class VoiceActress(): #【声優】
    def __init__(self):
        self._state = GirlState()          ← 現在の役

    def roleplaying(self, chara):
        print(f"Stateの変更：あなたの役は{chara}です。")
        if chara == "少女":
            self._state = GirlState()
        if chara == "魔女":
            self._state = WitchState()      ← 役を変える
        if chara == "老婆":
            self._state = GrandmotherState()

    def say(self, text):                    ← 現在の役でしゃべる
        self._state.say(text)
```

そうやって、役を切り換えるのね。

ステートパターン

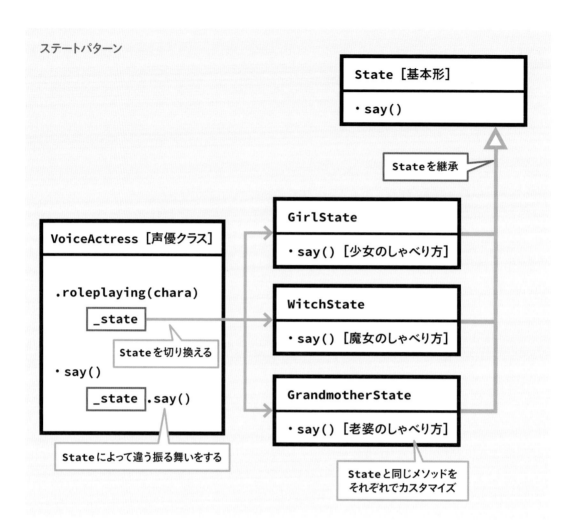

 そのプログラムが以下の通りだ。「**test502.py**」というファイルを作って入力して、実行してみよう。それぞれの役を指定してから「今日はいい天気」と言ってもらうよ。

📄 入力プログラム（test502.py）

```
1  #ステートパターン
2  class State: # 【状態の基本形】
3      def say(self, text):
4          pass
```

```python
 5
 6  class GirlState(State):  # 【少女役の状態】
 7      def say(self, text):
 8          print(f"「わぁ、{text}だね!」")
 9
10  class WitchState(State):  # 【魔女役の状態】
11      def say(self, text):
12          print(f"「ふふふ。{text}じゃないか。」")
13
14  class GrandmotherState(State):  # 【老婆役の状態】
15      def say(self, text):
16          print(f"「ほんに、{text}じゃのぉ。」")
17
18  class VoiceActress():  # 【声優】
19      def __init__(self):
20          self._state = GirlState()  ——— 役の初期状態
21
22      def roleplaying(self, chara):
23          print(f"Stateの変更： あなたの役は{chara}です。")
24          if chara == "少女":
25              self._state = GirlState()  ——— 役を切り換える
26          if chara == "魔女":
27              self._state = WitchState()  ——— 役を切り換える
28          if chara == "老婆":
29              self._state = GrandmotherState()  ——— 役を切り換える
30
31      def say(self, text):
32          self._state.say(text)  ——— その役で振る舞う
33
34  mirai = VoiceActress()  # 声優を作る
35
36  mirai.roleplaying("少女")
37  mirai.say("今日はいい天気")
```

デザインパターンを使ってみよう **5**

```
38  mirai.roleplaying("魔女")
39  mirai.say("今日はいい天気")
40  mirai.roleplaying("老婆")
41  mirai.say("今日はいい天気")
```

 <出力結果>

Stateの変更： あなたの役は少女です。

「わぁ、今日はいい天気だね！」

Stateの変更： あなたの役は魔女です。

「ふふふ。今日はいい天気じゃないか。」

Stateの変更： あなたの役は老婆です。

「ほんに、今日はいい天気じゃのぉ。」

ほんとだ。同じセリフなのに、役を変えたら喋り方が変わった～。

主人公を複数の状態で切り換える

このステートパターンを使って、Chapter 4-8 のプログラムを修正してみよう。ゲームの主人公を、状態によってアニメーションが変わるように修正しようと思うんだ。止まっているとき（待機状態）は**止まっている絵**、移動しているときは**パクパク動いて**、ダメージを受けたときは**ダメな表情で点滅**させようと思う。

カエルさんがいろいろ変化するのね。

修正方法を段階的に考えてみよう。❶まず、状態の基本形の「**PlayerState**」を作り、これを継承して、**待機状態の「IdleState」と、移動状態の「MovingState」と、ダメージ状態の「DamageState」**の3つの状態のクラスを作る。それぞれのクラスで違う画像を用意して、**draw**メソッドでそれぞれのアニメーションをさせるんだ。

だから、この3つを切り換えると**Player**のアニメーションが変わるのね。

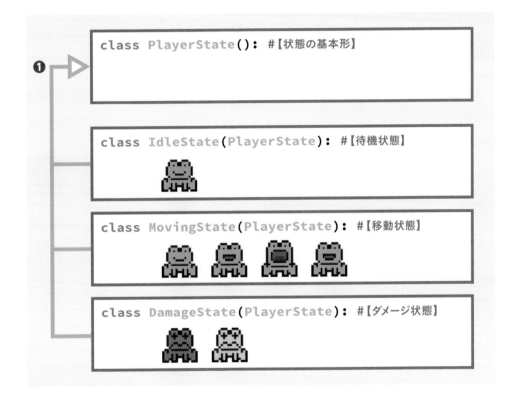

❷待機状態と移動状態を切り換えるには、キーを押しているかを調べればわかる。**待機状態で左右キーを押したら移動状態に切り換えて、移動状態で左右キーを押していなかったら待機状態に切り換える**。これをそれぞれの「**更新処理(update)**」で行えばいい。

ダメージ状態は、敵と衝突したときだよね。

その通り。だから、敵と主人公が衝突したらダメージ状態に切り換えれ
ばいいんだけど、ずっとダメージ状態のままにはしたくないので、**❸ダ
メージ状態でしばらくしたら待機状態に戻る処理**をダメージクラスの「**更
新処理（update）**」で行おうと思う。

自動的に通常状態に戻るのね。

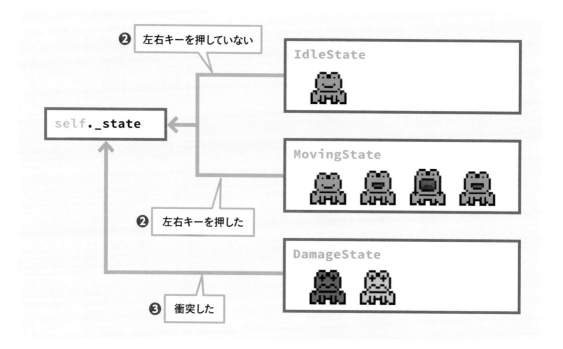

 そして、ダメージ状態への切り換えだけど、きっかけは「敵と衝突したこ
と」だから**Player**だけではわからない。だから、**❹ダメージ状態に切り
換えるdamageメソッドを用意しておいて、❺衝突判定を行う
GameManagerから命令する**ように作るよ。

Chapter 4-8のいろいろなプログラムの修正が必要ね。

 Playerクラスはいろいろ修正するけど、そのほかは**GameManagerクラ
ス**を修正するだけでできるよ。

まずは**player.py**を修正していくよ。

ここで作成&修正する作業

・主人公クラス（**Player**）を修正 …**1 2 3 4**
・ゲームマネージャクラス（**GameManager**）を修正 …**5**

 まず、Player クラスに❶**PlayerState**、**IdleState**、**MovingState**、**DamageState**の4つのクラスを追加する。**IdleState**と**MovingState**の更新処理で❷待機状態と移動状態を切り換えるようにして、**DamageState**の更新処理で❸しばらくしたら待機状態に戻る処理を用意する。

ここでほとんど作っちゃうのね。

※ここから作るプログラムをサンプルファイルで確認したい場合は、「chap502A」フォルダをご覧ください。

主人公クラスの修正

📄 **1** プログラムの修正（player.py）

```
1   import pygame as pg
2
❶  3   class PlayerState(): #【状態の基本形】
4       def __init__(self, player):
5           # プロパティ:どんなデータを持つのか?
6           self._player = player
7           self._image = None
8
9       def update(self): # 更新処理
10          pass
11
12      @property
```

▶次ページに続きます

```
13      def image(self):
14          return self._image
15
16  class IdleState(PlayerState): #【待機状態】
17      def __init__(self, player):
18          super().__init__(player)
19          # プロパティ:どんなデータを持つのか?
20          self._image = pg.image.load("images/kaeru1.png")
21
22          # メソッド:どんな処理をするのか?
23      def update(self): # 更新処理
24          key = pg.key.get_pressed()
25          if key[pg.K_LEFT] or key[pg.K_RIGHT]:
26              return MovingState(self._player)
27          else:
28              return self
29
30  class MovingState(PlayerState): #【移動状態】
31      def __init__(self, player):
32          super().__init__(player)
33          # プロパティ:どんなデータを持つのか?
34          self._images = [
35              pg.image.load("images/kaeru1.png"),
36              pg.image.load("images/kaeru2.png"),
37              pg.image.load("images/kaeru3.png"),
38              pg.image.load("images/kaeru4.png")
39          ]
40          self._cnt = 0
41          self._image = self._images[0]
42
43          # メソッド:どんな処理をするのか?
44      def update(self): # 更新処理
45          self._cnt += 1
```

❶ 16 class IdleState(PlayerState): #【待機状態】

❷ (lines 25-28)

❶ 30 class MovingState(PlayerState): #【移動状態】

172

```
46          self._image = self._images[self._cnt // 5 % 4]
47          key = pg.key.get_pressed()
48          if not (key[pg.K_LEFT] or key[pg.K_RIGHT]):
49              return IdleState(self._player)
50          else:
51              return self
52
53  class DamageState(PlayerState): #【ダメージ状態】
54      def __init__(self, player):
55          super().__init__(player)
56          # プロパティ：どんなデータを持つのか？
57          self._images = [
58              pg.image.load("images/kaeru5.png"),
59              pg.image.load("images/kaeru6.png")
60          ]
61          self._cnt = 0
62          self._image = self._images[0]
63          self._timeout = 20
64
65      # メソッド：どんな処理をするのか？
66      def update(self): # 更新処理
67          self._cnt += 1
68          self._image = self._images[self._cnt // 5 % 2]
69          #タイムアウトチェック
70          self._timeout -= 1
71          if self._timeout < 0:
72              return IdleState(self._player)
73          else:
74              return self
75
76  class Player(): #【主人公】
77      def __init__(self):
78          # プロパティ：どんなデータを持つのか？
```

❶ (line 53) **❷** (lines 48–51) **❸** (lines 70–74)

▶次ページに続きます

```
79            self.reset()
80
81        @property
82        def rect(self):
83            return self._rect
84        @rect.setter
85        def rect(self, value):
86            self._rect = value
```

 次に、これらの状態クラスを使うプログラムを追加する。
現在の状態を **Player** クラスに持たせるので「**状態クラスを入れるプロパティ
（_state）**」を作り、初期状態として **IdleState** を入れておくよ。

py **2** プログラムの修正（player.py）

```
87
88        #  メソッド:どんな処理をするのか?
89        def reset(self):  # このキャラのリセット
90            self._state = IdleState(self) ——— 初期状態
91            self._rect = pg.Rect(250, 550, 50, 50)
92            self._speed = 10
```

 Player の「待機と移動の切り換え」は、**update** メソッドで行う。**_state.
update()** で返ってきた状態を入れ直して **Player** の状態を更新するんだ。
最後の「画像をカウントして削除する処理」は不要になったので削除だ。

py **3** プログラムの修正（player.py）

```
93
94        def update(self):  # 更新処理
95            self._state = self._state.update() ——— 状態を切り換える
```

```
 96        key = pg.key.get_pressed()
 97        vx = 0
 98        if key[pg.K_RIGHT]:
 99            vx = self._speed
100        if key[pg.K_LEFT]:
101            vx = -self._speed
102        if self._rect.x + vx < 0 or self._rect.x + vx > 550:
103            vx = 0
104        self._rect.x += vx
```

 Playerの**draw**メソッドは、、**_state.image**の画像使って表示するように修正し、さらに❹**ダメージ処理に切り換えるdamageメソッドを追加**しておく。

📄 ❹プログラムの修正（player.py）

```
105
106    def draw(self, screen): # 描画処理
107        screen.blit(self._state.image, self._rect)
108
❹ 109    def damage(self): # ダメージ化
110        self._state = DamageState(self) ―――― 状態を切り換える
```

ゲームマネージャクラスの修正

 「衝突状態への切り換え」は、**GameManager**クラスで、主人公と敵が衝突したときに行う。

❺**Player**の**damage**メソッドを実行「**gamecontrol.py**」の**update**メソッドの中の41行目の「**if e.rect.colliderect(self._player.rect):**」のあとに❺「**self._player.damage()**」と書き足して、実行してみよう。

```
41                    #  敵と主人公が衝突したら、敵を上に移動
42                    if e.rect.colliderect(self._player.rect):
❺   43                        self._player.damage()
44                        e.rect.y =  self._player.rect.y - 70
```

動いたり止まったりすると、カエルさんがパクパクしたり、止まったりするようになったね。そして、敵にぶつかったらダメージを受けるようになった。ゲームっぽくなったね。

シューティングゲームに改造：主人公にHPを追加する

 これまでのゲームは「落下した敵に、主人公が体当たりして跳ね返すゲーム」だったけど、これを**シューティングゲーム**に改造してみようと思うんだ。

 そんな改造ってできるの？

 これまでは「**敵を跳ね返して敵を倒し、全部倒したらゲームクリアで、敵が下へ落下したらゲームオーバー**」というルールだったよね。

 敵を落とさないように体当たりするゲームだったよね。

 これを「**敵に当たったら主人公がダメージを受けて、HPが0になったらゲームオーバー。弾を発射して、弾が敵に当たると敵はダメージを受けて、HPが0になったら敵を倒せる。30匹倒せばゲームクリア**」というゲームにしようと思うんだ。

 ずいぶん変わるけど、できるの？

 一度に全部修正するのは大変なので、少しずつ修正していこう。まずは、**主人公にHPを追加して、敵に当たったらダメージを受けて、HPが0になったらゲームオーバーになるところまで**の修正をしてみよう。

ここで作成＆修正する作業
・主人公クラス（**Player**）を修正 …**1**　**2**
・ゲームマネージャクラス（**GameManager**）を修正 …**3**　**4**
・メインプログラムを修正 …**5**

 まずは、主人公にHPを追加しよう。「**player.py**を修正する。プロパティとして「**最大HP（_maxhp）**」とゲッターメソッドを、そして「**現在のHP（_hp）**」とゲッターメソッドとセッターメソッドを追加する。HPは「**150**」にしておこう。

※ここから作るプログラムをサンプルファイルで確認したい場合は、「chap502B」フォルダをご覧ください。

主人公クラスの修正

 1プログラムの修正（player.py）

```
89      def reset(self): # このキャラのリセット
90          self._state = IdleState(self)
91          self._rect = pg.Rect(250, 550, 50, 50)
92          self._speed = 10
93          self._maxhp = 150
94          self._hp = 150
95
96      @property
97      def maxhp(self):
98          return self._maxhp
99      @property
100     def hp(self):
101         return self._hp
102     @hp.setter
103     def hp(self, value):
104         self._hp = value
```

そして、主人公の横にHPバーを表示させる。HPバーは敵と同じ方法で、**maxhp**と**hp**を使って作るよ。

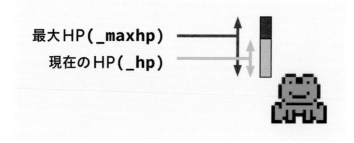

最大HP(**_maxhp**)
現在のHP(**_hp**)

 py ❷ プログラムの修正（player.py）

```
118    def draw(self, screen): # 描画処理
119        screen.blit(self._state.image, self._rect)
120        # hpbar
121        rect1 = pg.Rect(self._rect.x, self._rect.y - 20, 4,
              20)
122        h = (self._hp / self._maxhp) * 20
123        rect2 = pg.Rect(self._rect.x, self._rect.y - h, 4, h)
124        pg.draw.rect(screen, pg.Color("RED"), rect1)
125        pg.draw.rect(screen, pg.Color("GREEN"), rect2)
```

さて、ここからがゲームのルールの修正だ。今まで**敵が下の緑色のエリ
アに落ちたら停止**していたのを、**敵が画面の外まで落下したら消える**よ
うに修正する。これは「**gamecontrol.py**」を修正するよ。

ゲームマネージャクラスの修正

 py ❸ プログラムの修正（gamecontrol.py）

```
36        for e in self._enemies:
37            e.update()
38            # 敵が下に落ちたら消える
39            if e.rect.y >= 650:
40                self._enemies.remove(e)
```

その代わり、**敵と主人公が衝突したら、敵にダメージを与えていた処理**
を、**衝突したら、敵は削除して、主人公にダメージを与える処理**に修正
する。このとき、**HPが0以下になったらゲーム終了**だ。これで、ゲーム
のルールが変わったよ。

```
41              #  敵と主人公が衝突したらダメージ
42              if e.rect.colliderect(self._player.rect):
43                  self._enemies.remove(e)
44                  self._player.damage()
45                  self._player.hp -= 50
46                  if self._player.hp <= 0:
47                      self._is_playing = False
```

メインプログラムの修正

最後に、下の緑色のエリアの描画を削除しよう。「**mygame.py**」を修正して、実行してみよう。

```
10  while True:
11      # 3.画面の初期化
12      screen.fill(pg.Color("NAVY"))
13      # 4.入力チェックや判断処理
```

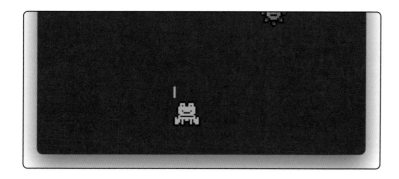

ほほう。主人公が敵にぶつかるとダメージを受けるように変わったよ。
3回ダメージを受けたら、ゲームオーバーになった。逃げるだけなので、
弾は打てないシューティングゲームだね。

CHAPTER
5.3
ファクトリーパターン
カフェ店員

ファクトリー
パターンを使って
さまざまな
オブジェクトを
生成します。

 さて次のデザインパターンの紹介をしよう。「**ファクトリーパターン**」だ。
これは例えて言うと、「**カフェ店員**」だ。

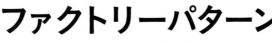

カフェ店員？

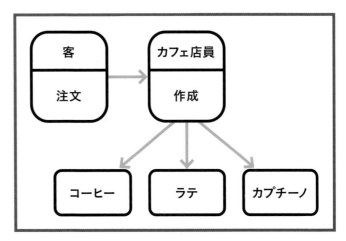

 カフェ店員は、客が何を注文したかによって、コーヒーを作ったり、カプ
チーノを作ったり、スムージーを作ったりするよね。

うん。メニューで選んで注文すると、注文の品を作ってくれる。

これはまさに、ファクトリーパターンの考え方なんだ。このパターンでは、**いろいろなオブジェクトを生成できるファクトリークラスが生成を担当す**るんだ。どの種類のオブジェクトをどうやって作るかはファクトリークラスが知っていて、注文通りに生成して渡してくれるんだ。

具体的にはどうするの？

 例えば、ゲームでいろいろな種類の敵がいた場合、いろいろな敵を作れる**EnemyFactory**を作っておけば、ゲーム内で敵を出現させるときに、この**EnemyFactory**を使って、適切な敵オブジェクトを生成できるんだ。

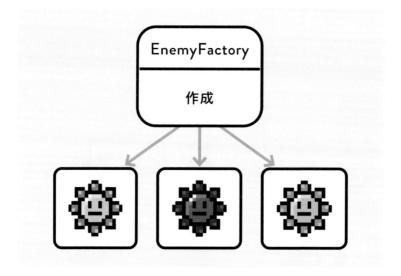

なるほど、いろいろな種類の敵を適切に作り出せるわけね。

 その通り。これによって、敵キャラクタの生成に関するプログラムを一箇所にまとめられるから、メンテナンスもしやすく、プログラムもきれいに書けるんだ。

ファクトリーパターン、便利そう！

ファクトリーパターンの作り方

 具体的にファクトリーパターンがどんなプログラムになるのか、カフェ店員を例にプログラムを作ってみよう。

 どうやって作るの？

 ファクトリーパターンは、「**作り出されるいろいろなクラス**」と、「**それを作り出すファクトリークラス**」のセットで作っていく。まず、「作り出されるいろいろなクラス」だけれど、今回は「**Coffee**」「**Latte**」「**Cappuccino**」の3つにしようと思うんだ。

 わたしは、甘いラテが飲みたいな〜。

```python
class Coffee:
    def drink(self):
        print("コーヒーを飲む。")
```

```python
class Latte:
    def drink(self):
        print("ラテを飲む。")
```

```python
class Cappuccino:
    def drink(self):
        print("カプチーノを飲む。")
```

 今回はテストなので、これらに**drink**メソッドを実装して、何を飲んだのかを出力するようにしよう。 **drink**を実行すれば何だったのか確認できるわけだ。

 ふむふむ、それで？

次に、「作り出されるいろいろなクラス」を作る。つまりカフェ店員クラスだね。クラス名は**Barista**にしよう。

 バリスタが作ってくれるの！　ほんとに飲みたくなってきちゃった〜。

 Baristaなので、「**客の注文に応じたドリンクオブジェクトを作って返すメソッド（order）**」を用意する。注文に応じて「コーヒー、ラテ、カプチーノ」のどのクラスから作ればいいかを判断し、オブジェクトを作って返すんだ。これもテストとして確認しやすいように、ドリンクの説明をしながら返すようにしよう。

 作り方を知っているというのは、そういうことなのね。

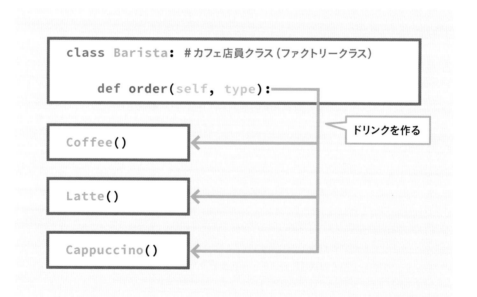

 この作り方であれば、新メニューができても、新しいクラスを追加して、**order**メソッドを少し修正すればいいだけだ。

 なるほどね。

そのプログラムが以下の通りだ。「**test503.py**」というファイルを作って入力して、実行してみよう。

py 入力プログラム（test503.py）

```python
#ファクトリーパターン
class Coffee:
    def drink(self):
        print("コーヒーを飲む。")

class Latte:
    def drink(self):
        print("ラテを飲む。")

class Cappuccino:
    def drink(self):
        print("カプチーノを飲む。")

class Barista:  #カフェ店員クラス（ファクトリークラス）
    def order(self, type):
        print(f"order: {type}を注文")
        if type == "ラテ":
            print("「ほんのり甘くてまろやかなラテです。どうぞ。」")
            return Latte()  ―――― ドリンクを作る
        elif type == "カプチーノ":
            print("「エスプレッソにミルクの絶妙な泡立ちが特徴のカプチーノです。
                どうぞ。」")
            return Cappuccino()  ―――― ドリンクを作る
        else:
            print("「豆の風味が引き立つ、バランスの取れたコーヒーです。どうぞ。」")
            return Coffee()  ―――― ドリンクを作る
```

▶次ページに続きます

```
27  mirai = Barista() # ファクトリークラスを作る
28
29  cup = mirai.order("コーヒー")
30  cup.drink()
31  cup = mirai.order("カプチーノ")
32  cup.drink()
33  cup = mirai.order("ラテ")
34  cup.drink()
```

<出力結果>

order: コーヒーを注文
「豆の風味が引き立つ、バランスの取れたコーヒーです。どうぞ。」
コーヒーを飲む。
order: カプチーノを注文
「エスプレッソにミルクの絶妙な泡立ちが特徴のカプチーノです。どうぞ。」
カプチーノを飲む。
order: ラテを注文
「ほんのり甘くてまろやかなラテです。どうぞ。」
ラテを飲む。

ちゃんと注文によって、違うコーヒーを出してくれたね。そして、3杯も飲んじゃった〜。

敵工場を作る

 この**ファクトリーパターン**を使って、ゲームを改造してみよう。

そのさっきのシューティングゲームに修正しようとしたバージョンだけど、
あれ敵が全部落ちたらもう次の敵が出てこなくなってたよ。

よく気がついたね。だから、ファクトリーパターンで「**敵工場クラス
（EnemyFactory）**」を使って敵を次々と生成しようと思うんだ。

ここで作成＆修正する作業

・敵クラス（**Enemy**）を修正　…１２３４５
・ゲームマネージャクラス（GameManager）を修正　…６７８

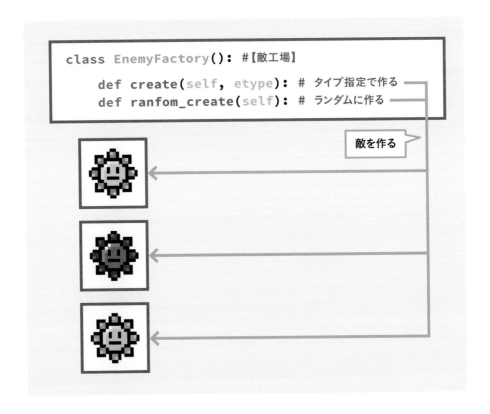

```
class EnemyFactory(): #【敵工場】

    def create(self, etype): # タイプ指定で作る
    def ranfom_create(self): # ランダムに作る
```

敵を作る

※ここから作るプログラムをサンプルファイルで確認したい場合は、「chap503A」フォルダをご覧ください。

敵クラスの修正

 まず、敵の登場位置を修正するよ、画面の上に出現させてそこから落下させようと思う。すべての元になる**Enemy**クラスの**y プロパティ**の初期値を「-100」に修正する。「**enemy.py**」を修正だ。

📄 **❶** プログラムの修正（enemy.py）

```
5    def __init__(self):
6        x = random.randint(100,500)
7        y = -100
```

 敵のYの移動量（**_vy**）の初期値も変更する。これまで、上に向かって動き始めて天井で反射して落下していたけれど、今回からは下に向かって移動するように修正する。

 また、衝突したら敵をリストから削除したけど、二重に削除してしまうことがないように、「**この敵が生きてるかのフラグ（_is_alive）**」のプロパティを追加して、死んでいるのに削除することが起こらないように修正する。

📄 **❷** プログラムの修正（enemy.py）

```
11       self._vx = random.uniform(-4, 4)
12       self._vy = random.uniform(1, 4)
13       self._maxhp = 100
14       self._hp = 100
15       self._is_alive = True
16
17   @property
18   def is_alive(self):
19       return self._is_alive
```

188

敵はこれまで天井で反射させていたので、この処理を削除し、さらに画面の下（650）を越えた場合、その敵の**_is_alive**を**False**にして死ぬ状態に切り換える。これで、「敵は画面の上から登場して、画面の下に行ったら消える」ようになる。

py **3** プログラムの修正（enemy.py）

```
43      def update(self): # 更新処理
44          if self._rect.x < 0 or self._rect.x > 550:
45              self._vx = -self._vx
46          self._rect.x += self._vx
47          self._rect.y += self._vy
48          if self._rect.y > 650:
49              self._is_alive = False
```

普通の敵の修正はしたけれど、「炎の敵」は独自にYの移動量（**_vy**）を設定していたから、これも下へ移動するように修正しよう。

py **4** プログラムの修正（enemy.py）

```
60  class FlameEnemy(Enemy): #【炎の敵】
61      def __init__(self):
62          super().__init__()
63          # プロパティ：どんなデータを持つのか?
64          self._image = pg.image.load("images/enemy2.png")
65          self._vx = random.uniform(-2, 2)
66          self._vy = random.uniform(5, 7)
67
```

そしていよいよ、「**enemy.py**」の最後に「**敵工場クラス（EnemyFactory）**」を追加する。指定されたタイプによって3種類の敵を作り出す**create**メソッドと、敵をランダムに作り出す**random_create**メソッドだ。**random_create**メソッドを実行すれば、いろいろな敵がランダムに登場するぞ。

```python
103
104 class EnemyFactory(): #【敵工場】
105     # メソッド：どんな処理をするのか？
106     def create(self, etype): # タイプ指定で作る
107         if etype == "flame":
108             return FlameEnemy()  —— 敵を作る
109         elif etype == "ice":
110             return IceEnemy()  —— 敵を作る
111         else:
112             return Enemy()  —— 敵を作る
113
114     def random_create(self): # ランダムに作る
115         etype = random.choice(["normal", "flame", "ice"])
116         return self.create(etype)
```

次は、「**gamecontrol.py**」の修正だ。敵の作成を、**EnemyFactoryクラス**に行ってもらうように修正する。まず最初に、**EnemyFactoryクラス**から、工場インスタンスを作るよ。

ゲームマネージャクラスの修正

py ⑥ プログラムの修正（gamecontrol.py）

```python
 4 class GameManager(): #【ゲーム管理】
 5     def __init__(self):
 6         # プロパティ：どんなデータを持つのか？
 7         self._player = player.Player()
 8         self._enemies = []
 9         self._effects = []
10         self._factory = enemy.EnemyFactory()
11         self.reset()
```

以前は、**GameManager**の**reset**メソッドで1回敵を作ったら、あとは消えていくだけだったけど、これからはゲーム中に敵を作っていくようにする。まずは、敵を定期的に生成させるための**カウンタープロパティ（_spawn_count）**を追加する。

📄py ⑦プログラムの修正（gamecontrol.py）

```
21    def reset(self): # ゲームのリセット
22        self._is_playing = True
23        self._is_cleared = False
24        self._player.reset()
25        self._enemies.clear()
26        self._spawn_count = 0
```

そして、敵を定期的に発生させるしくみを作ろう。**GameManager**の**update**メソッドで**_spawn_count**をカウントアップしていく。カウンターが15になったら次の敵を作り出すようにする。これで敵が定期的に出現するようになるわけだ。

また、敵が死んでいたら消す処理も追加する。**_is_alive**を見て死んでいたらリストから削除するんだ。以上の修正ができたら、実行してみよう。

📄py ⑧プログラムの修正（gamecontrol.py）

```
28    def update(self): # 更新処理
29        for e in self._effects:
30            e.update()
31        self._player.update()
32        self._spawn_count += 1
33        if self._spawn_count > 15: # 敵発生量
34            self._spawn_count = 0
35            self._enemies.append(self._factory.random_
              create())
36        for e in self._enemies:
```

▶次ページに続きます

5

デザインパターンを使ってみよう

```
37          if e.is_alive == False:
38              self._enemies.remove(e)
39              break
40          e.update()
41      # 敵が下に落ちたら消える
```

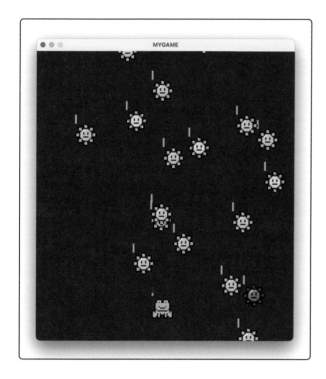

あ〜っ！　敵がどんどん出てくるようになった〜。上の敵工場から次々と
敵が出てくるね。敵が多すぎてぶつかっちゃうよ。

 弾を発射して、敵を攻撃する

 次は、「**弾を発射するしくみ**」を作ろう。これで弾を打って敵を倒せるよう
になるよ。

いよいよシューティングゲームになるのね。

ここで作成＆修正する作業

・弾クラス（**Bullet**）を追加 …**1**
・ゲームマネージャクラス（**GameManager**）を修正 …**2 3 4 5 6**

 発射する弾をクラスで作るよ。**❶「生成されたら、上に移動していって、画面の上に出たら消える」**というだけの部品だ。「**bullet.py**」というファイルを作って入力しよう。

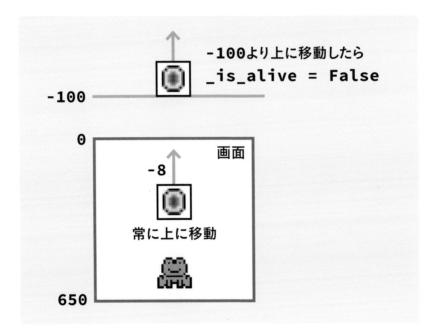

-100より上に移動したら
_is_alive = False

-100

0

画面

-8

常に上に移動

650

※ここから作るプログラムをサンプルファイルで確認したい場合は、「chap503B」フォルダをご覧ください。

弾クラスの追加

📄 **1** プログラムの追加（bullet.py）

```
1  import pygame as pg
2
3  class Bullet(): #【弾】
```

▶次ページに続きます

```
 4     def __init__(self, rect):
 5         x = rect.x + 17
 6         y = rect.y - 10
 7         # プロパティ：どんなデータを持つのか?
 8         self._image = pg.image.load("images/bullet.png")
 9         self._rect = self._image.get_rect()
10         self._rect.topleft = (x, y)
11         self._vy = -8
12         self._is_alive = True
13
14     @property
15     def rect(self):
16         return self._rect
17     @rect.setter
18     def rect(self, value):
19         self._rect = value
20
21     # メソッド：どんな処理をするのか?
22     def update(self):  # 更新処理
23         self._rect.y += self._vy
24         if self._rect.y < -100:
25             self._is_alive = False
26
27     def draw(self, screen):  # 描画処理
28         screen.blit(self._image, self._rect)
```

❶ (行番号22の位置)

この弾クラスは単純なのね。

ゲームマネージャクラスの修正

 このゲームでは、**GameManager** がゲーム中のすべての判定を行うよう
に作っているからね。だから、**GameManager** の修正がいろいろあるよ。

まずは、**bullet**をインポートして、弾をリストで管理する**bullets**リストプロパティを追加する。「**gamecontrol.py**」を修正しよう。

py **2** プログラムの修正（gamecontrol.py）

```python
1  import pygame as pg
2  import random, player, enemy, bullet
3
4  class GameManager(): #【ゲーム管理】
5      def __init__(self):
6          # プロパティ：どんなデータを持つのか？
7          self._player = player.Player()
8          self._enemies = []
9          self._effects = []
10         self._bullets = []
11         self._factory = enemy.EnemyFactory()
12         self.reset()
```

resetメソッドでは、**bullets**をクリアして初期化し、弾を一定間隔に発射するための**カウントプロパティ（_bullet_count）**を作って「0」にしておく。

py **3** プログラムの修正（gamecontrol.py）

```python
22     def reset(self): # ゲームのリセット
23         self._is_playing = True
24         self._is_cleared = False
25         self._player.reset()
26         self._enemies.clear()
27         self._spawn_count = 0
28         self._bullets.clear()
29         self._bullet_count = 0
```

updateメソッドで、弾のいろいろな処理を行うよ。❶まず連射しすぎないように、_bullet_countをカウントアップして、最短10回に1回のペースでしか弾を発射できないようにしておく。❷カウントが10以上で、[a]キーが押されたら弾の発射する。Bulletクラスから弾のインスタンスを作り、bulletsリストに追加する。❸発射中の弾と敵の衝突を、for b in self._bulletsで調べる。❹衝突していたら、弾を削除して、敵のHPを減らす。これで、弾で敵を攻撃できるようになるんだ。

py ❹プログラムの修正（gamecontrol.py）

```
31        def update(self): # 更新処理
32            self._bullet_count += 1
33            if self._bullet_count > 10: # 弾発生量
34                key = pg.key.get_pressed()
35                if key[pg.K_a]: # Aキーで弾発射
36                    self._bullets.append(bullet.Bullet(self.
                        _player.rect))
37                    self._bullet_count = 0
38            for e in self._effects:
39                e.update()
40            for b in self._bullets:
41                b.update()
42            self._player.update()
43            self._spawn_count += 1
44            if self._spawn_count > 15: # 敵発生量
45                self._spawn_count = 0
46                self._enemies.append(self._factory.random
                    _create())
47            for e in self._enemies:
48                for b in self._bullets:
49                    if e.rect.colliderect(b.rect):
50                        self._bullets.remove(b)
51                        e.hp -= 50
52                        if e.hp <= 0:
```

❶ 32
❷ 33
❸ 48
❹ 49

```
53                              b = enemy.BombEffect(e.rect, self._
                                    effects)
54                              self._effects.append(b)
55                              self._enemies.remove(e)
56              if e.is_alive == False:
57                      self._enemies.remove(e)
```

 しくみが複雑になってきたので、誤動作を起こさないようにさらに修正を
するよ。
弾で消したはずの敵と衝突しないように、「**if e in self._enemies:**」
を使って、敵が本当に**enemies**リストプロパティの中に存在するときだけ
衝突判定をするようにするんだ。

📄 py **5** プログラムの修正（gamecontrol.py）

```
63                      # 敵と主人公が衝突したらダメージ
64              if e in self._enemies:
65                      if e.rect.colliderect(self._player.rect):
66                              self._enemies.remove(e)
67                              self._player.damage()
68                              self._player.hp -= 50
69                              if self._player.hp <= 0:
70                                      self._is_playing = False
```

 最後に**draw**メソッドの中にも、弾の描画処理を追加する。これで弾を発
射して攻撃できるしくみができた。実行してみよう。[a] キーを押すと弾
の発射だ。

📄 py **6** プログラムの修正（gamecontrol.py）

```
72      def draw(self, screen): # 描画処理
```

▶次ページに続きます

```
73          for b in self._bullets:
74              b.draw(screen)
75          for e in self._effects:
76              e.draw(screen)
77          self._player.draw(screen)
78          for e in self._enemies:
79              e.draw(screen)
```

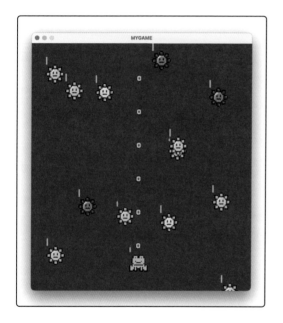 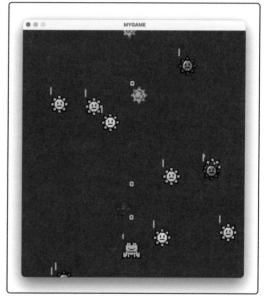

ついに、シューティングゲームになったね。[a] キーを押しっぱなしで連
射できるけど、敵も多いのでなかなかの難易度だね。

CHAPTER
5.4
オブザーバーパターン
動画配信者と
フォロワー

 さて次のデザインパターンの紹介をしよう。「**オブザーバーパターン**」だ。
これは例えて言うと、「**動画配信者とフォロワー**」だ。

動画配信者とフォロワー？

```
┌──────────┐
│  配信者   │
├──────────┤
│  通知     │
└──────────┘
```

```
┌────────┐  ┌────────┐  ┌────────┐
│ 受信者1 │  │ 受信者2 │  │ 受信者3 │
└────────┘  └────────┘  └────────┘
```

 動画配信者が新しい動画をアップロードしたり、ライブ配信を始めたりす
ると、フォロワーに通知が行くよね。

うん。通知が来たら、どんな動画だろうって見に行くよね。

まさにその通知システムがオブザーバーパターンによく似ているんだ。オブザーバーパターンでは、**Subject**と呼ばれる配信者が通知を出すと、**Observer**と呼ばれる受信者たちに自動的に通知されるんだ。

具体的にはどうするの？

例えばゲームでは、よく衝突判定などを行っているゲームマネージャが**Subject**で、スコア表示クラスや移動距離表示クラスなどが**Observer**になる。ゲームマネージャで敵を倒したと判定されたらそれを通知して、スコア表示クラスが受け取って表示するというわけだ。

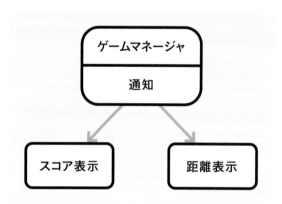

なるほど。ゲームマネージャは、スコア表示クラスに「スコアが変わったよ」って通知だけして、ゲームの判定処理に専念できるのね。

その通り。このパターンのメリットは、**Subject**が**Observer**が具体的に何をするかを知らなくてもよい点だ。それぞれが独立しているから、システムが柔軟で拡張しやすくなるんだ。

これも便利そうだね。

 **オブザーバーパターンの作り方**

具体的にオブザーバーパターンがどんなプログラムになるのか、動画配信者とフォロワーを例にプログラムを作ってみよう。

どうやって作るの？

オブザーバーパターンは「配信者（Subject）」と「受信者（Observer）」のセットで作っていく。まず「配信者」だけれど、「**配信者の基本形クラス**」を作るところから始めるんだ。このクラスには、「**受信者を登録する登録メソッド（attach）**」と、「**通知を送るメソッド（notify）**」を用意する。この基本形を**Subject**という名前のクラスで作っておくんだ。

「配信者のお仕事」の基本形を書いておくわけね。

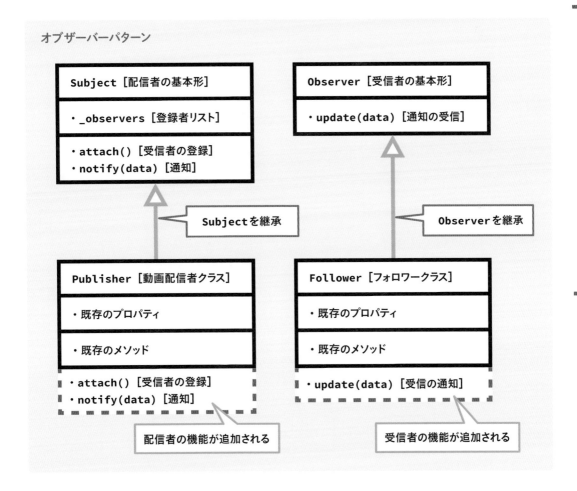

オブザーバーパターン

Subject［配信者の基本形］
・_observers［登録者リスト］
・attach()［受信者の登録］ ・notify(data)［通知］

Subjectを継承

Publisher［動画配信者クラス］
・既存のプロパティ
・既存のメソッド
・attach()［受信者の登録］ ・notify(data)［通知］

配信者の機能が追加される

Observer［受信者の基本形］
・update(data)［通知の受信］

Observerを継承

Follower［フォロワークラス］
・既存のプロパティ
・既存のメソッド
・update(data)［受信の通知］

受信者の機能が追加される

まず、「**配信を行いたい既存のクラス**」を用意して、**Subject**を継承させる。すると、既存のクラスに配信機能を持たせることができるんだ。**attach**で登録できて、**notify**で登録者に通知ができるようになる。

 へぇ。配信できるクラスを**継承させるだけ**で、**配信できるようになる**のね。

 そして「受信者」だけれど、これも「**受信者の基本形クラス**」を作る。このクラスには、「**通知を受信して更新するメソッド（update）**」を用意する。この基本形を**Observer**という名前でクラスを作っておくんだ。
そして、「**受信を行いたい既存のクラス**」に、**Observer**を継承させると、受信できる機能を持たせることができるというわけだ。

 受信者側にも、通知を受信できるクラスを継承させるのね。

 最後に、これらのインスタンスを作ってつなぐんだ。配信者インスタンスを作り、受信者インスタンスを作ったら、**配信者にその受信者を登録して、通知を受け取れるようにする**。これで、通知が届く準備ができたというわけだ。

 そっか。あの動画配信を見たいと思っていても、登録してなかったら通知は来ないもんね。

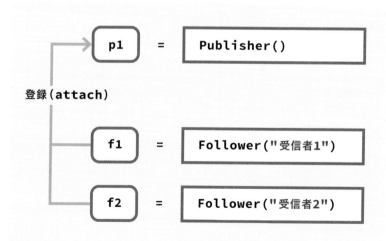

そのプログラムが以下の通りだ。「**test504.py**」というファイルを作って入力して、実行してみよう。配信者が通知すると、受信者が受け取ったことがわかるよ。

入力プログラム（test504.py）

```python
1  #オブザーバーパターン
2  class Subject: # 配信者の基本形
3      def __init__(self):
4          self._observers = []
5
6      def attach(self, observer): # 登録する
7          self._observers.append(observer)
8
9      def notify(self, data): # 通知する
10         for observer in self._observers:
11             observer.update(data)
12
13 class Publisher(Subject): # 配信するクラス
14     def publish(self, data, text):
15         print(f"配信者:{text}")
16         self.notify(data)
17
18 class Observer: # 受信者の基本系
19     def update(self, data):
20         pass
21
22 class Follower(Observer): #受信するクラス
23     def __init__(self, name):
24         self._name = name
25
26     def update(self, data):
27         print(f"{self._name}:通知が来た。{data}を見よう!")
```

▶次ページに続きます

5

デザインパターンを使ってみよう

```
28
29  p1 = Publisher()  # 送信者を作る
30  f1 = Follower("受信者1")  # 受信者を作って登録
31  p1.attach(f1) ——— 登録する
32  f2 = Follower("受信者2")  # 受信者を作って登録
33  p1.attach(f2) ——— 登録する
34  p1.publish("動画001", "配信したよ～。")  # メッセージ送信
```

 <出力結果>

配信者：配信したよ～。

受信者1：通知が来た。動画001を見よう！

受信者2：通知が来た。動画001を見よう！

配信されたら、すぐみんなに通知が来たね～。

 ## ゲーム画面にスコアを表示する

ではこのオブザーバーパターンを使って、ゲームを改造してみよう。画面にスコア表示を付けて、30匹倒したらゲームクリアになるように修正するよ。

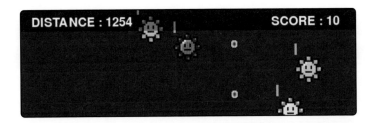

ゲームになにか足りないと思ったら、スコアだったのね。

「スコア表示クラス（Status）」を作って、敵を倒したら1点ずつ増える「SCORE」と、ゲーム開始後どれだけ進んだかの「DISTANCE」を表示しよう。ゲームの情報を知っている GameManager が「配信者」で、Status が「受信者」だ。

GameManager がスコアを通知して、Status で通知を受け取って表示するのね。

ここで作成＆修正する作業

・スコア表示クラス（Status）を追加 …**1**
・ゲームマネージャクラス（GameManager）を修正 …**2 3 4 5 6**

※ここから作るプログラムをサンプルファイルで確認したい場合は、「chap504」フォルダをご覧ください。

スコア表示クラスの追加

受信者の **Status クラス**から作っていこう。**1** 最初に、受信者の基本形として、**Observer クラス**を作る。通知する **update メソッド**では、「どのタイプの通知か」を表す **ntype** という引数も一緒に送れるようにしておく。**2** この **Observer** を継承して **Status クラス**を作る。このクラスで「**スコア（_score）**」と「**進んだ距離（_distance）**」をプロパティとして持っておき、**3** **reset メソッド**の中で初期化する。さらに、**4** **draw メソッド**で画面上に表示させる。「**status.py**」ファイルを作って入力しよう。

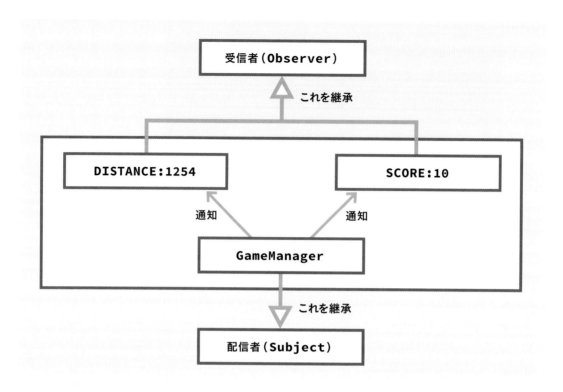

受信者（Observer）

これを継承

DISTANCE:1254

SCORE:10

通知　　　　　通知

GameManager

これを継承

配信者（Subject）

📄 **py** ❶ プログラムの追加 （status.py）

```python
1  import pygame as pg
2
3  class Observer:  #【受信者の基本形】
4      #  メソッド：どんな処理をするのか？
5      def update(self, ntype):
6          pass
7
8  class Status(Observer):  #【情報表示】
9      def __init__(self):
10         #  プロパティ：どんなデータを持つのか？
11         self.reset()
12         self._board = pg.Surface((800, 36), pg.SRCALPHA)
13
14     @property
15     def score(self):
```

❶ (line 3)
❷ (line 8)

```
16        return self._score
17
18    # メソッド：どんな処理をするのか？
```
❸
```
19    def reset(self): # 表示データのリセット
20        self._font = pg.font.Font(None, 32)
21        self._distance = 0
22        self._score = 0
23
24    def update(self, ntype): # 更新処理
25        if ntype == "distance":
26            self._distance += 2
27        if ntype == "score":
28            self._score += 1
29
```
❹
```
30    def draw(self, screen): # 描画処理
31        pg.draw.rect(self._board, (0, 0, 0, 128), pg.Rect
          (0, 0, 800, 36))
32        screen.blit(self._board, (0, 0))
33        info1 = self._font.render(f"DISTANCE : {self.
          _distance}", True, pg.Color("WHITE"))
34        info2 = self._font.render(f"SCORE : {self._score}",
          True, pg.Color("WHITE"))
35        screen.blit(info1, (20, 10))
36        screen.blit(info2, (450, 10))
```

 この **Status** クラスで重要なのは「通知が来たとき更新をする処理」、すなわち **update** メソッドだ。通知のタイプが **distance** なら **distance** の値を増やし、**score** なら **score** の値を増やすという処理を行うよ。

```
24    def update(self, ntype): # 更新処理
25        if ntype == "distance":
26            self._distance += 2
```

▶次ページに続きます

```
27            if ntype == "score":
28                self._score += 1
```

ゲームマネージャクラスの修正

 Statusクラスができたら、次は「**gamecontrol.py**」を修正しよう。まず最初に、**status**をインポートする。

py **2**プログラムの修正（gamecontrol.py）

```
1  import pygame as pg
2  import random, player, enemy, bullet, status
```

 次に、**GameManager**を配信者に修正するよ。最初に、❶配信者の基本形として**Subject**クラスを作り、受信者を追加する**attach**メソッドと、通知を行う**notify**メソッドを用意する。そして、❷**GameManager**が**Subject**を継承するように、「**class GameManager(Subject):**」と修正する。
さらに、❸「**スコア表示用のプロパティ（_status）**」を作って、**Status**インスタンスを入れて、**attach**で自分自身（**GameManager**の配信）に登録するよ。

py **3**プログラムの修正（gamecontrol.py）

```
3
❶ 4  class Subject:  #【配信者の基本形】
5      def __init__(self):
6          # プロパティ:どんなデータを持つのか?
7          self._observers = []
8
9          # メソッド:どんな処理をするのか?
10     def attach(self, observer):  # 受信者の追加
11         self._observers.append(observer)
12
```

```
13        def notify(self, ntype): # 通知
14            for observer in self._observers:
15                observer.update(ntype)
16
```
❷
```
17    class GameManager(Subject): #【ゲーム管理】
18        def __init__(self):
19            super().__init__()
20            # プロパティ:どんなデータを持つのか?
21            self._player = player.Player()
22            self._enemies = []
23            self._effects = []
24            self._bullets = []
25            self._factory = enemy.EnemyFactory()
```
❸
```
26            self._status = status.Status()
27            self.attach(self._status) ──── 登録する
28            self.reset()
```

 ゲームのリセット時に、**_status**もリセットして、スコアと距離をリセットさせるようにしよう。

📄 **py** ❹プログラムの修正 (gamecontrol.py)

```
37        # メソッド:どんな処理をするのか?
38        def reset(self): # ゲームのリセット
39            self._is_playing = True
40            self._is_cleared = False
41            self._player.reset()
42            self._enemies.clear()
43            self._spawn_count = 0
44            self._bullets.clear()
45            self._bullet_count = 0
46            self._status.reset()
```

updateメソッドで「**self.notify("distance")**」と、**distance**
の通知を送信させる。これで、1回**update**するごとに進行距離が増えて
いくよ。

```
48      def update(self):  # 更新処理
49          self.notify("distance")
```

 updateメソッドの中の❶「敵のHPが0以下になって倒したとき」に、
「**self.notify("score")**」と、**score**の通知を送信させる。これで、
敵を倒すとスコアがアップするようになる。さらに、❷そのスコアが「30」
になったら、ゲームクリアにしよう。

py **5** プログラムの修正（gamecontrol.py）

```
      70                      if e.hp <= 0:
❶     71                          self.notify("score")
      72                          b = enemy.BombEffect(e.rect, self.
                                      _effects)
      73                          self._effects.append(b)
      74                          self._enemies.remove(e)
❷     75                          if self._status.score == 30:  # クリア条件
      76                              self._is_playing = False
      77                              self._is_cleared = True
```

 最後に**draw**メソッドで、ステータスの**draw**も実行して、スコアと距離を
表示する。

py **6** プログラムの修正（gamecontrol.py）

```
94      def draw(self, screen):  # 描画処理
95          for b in self._bullets:
```

```
96                b.draw(screen)
97            for e in self._effects:
98                e.draw(screen)
99            self._player.draw(screen)
100           for e in self._enemies:
101               e.draw(screen)
102           self._status.draw(screen)
```

 これで完成だ。実行してみよう。

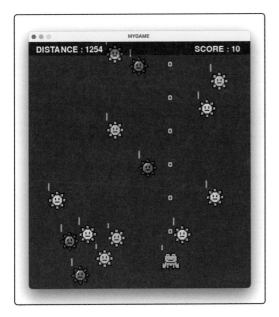

やったー。シューティングゲームができたね。えいっえいっ！　すぐやられちゃうけど、がんばったらゲームクリアできたよ！

シングルトンパターン
小さなホテルのフロント係

ゲーム作りも
いよいよ大詰め。
シングルトン
パターンで効果音を
追加します。

さて次のデザインパターンの紹介をしよう。「**シングルトンパターン**」だ。
これは例えて言うと、「**小さなホテルのフロント係**」だ。

小さなホテルのフロント係？

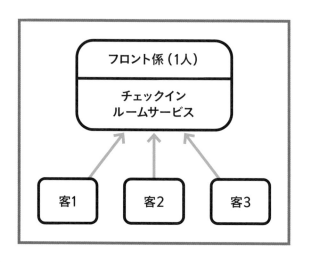

小さなホテルでは、「チェックインの対応」「ルームサービスの注文」「忘れ
物の対応」など、ホテルの運営に必要なさまざまなタスクを、一人のフロ
ント係でこなしたりするよね。

たしかに、小さなホテルでフロント係がいろんな業務を受け持っていることがあるよね。

これが、シングルトンパターンによく似ているんだ。シングルトンパターンは、**あるクラスのインスタンスが1つしか存在しないように制限するデザインパターン**なんだ。

それって、どういうこと？

例えば、ゲームではサウンドマネージャで、よくシングルトンパターンが使われるよ。BGMの開始停止や、衝突音、敵破壊音などの再生は、ゲーム中のいろいろなところから呼ばれることが多い。それを、ゲーム中で唯一の存在のサウンドマネージャが一手に引き受けているんだ。

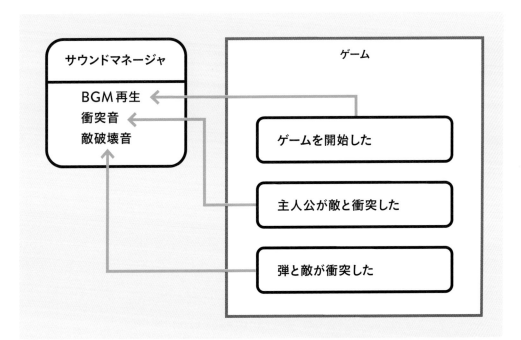

なるほど、小さなホテルのフロント係と似てるね。でも、一手に引き受けることでどんなメリットがあるの？　大変そうだよ。

リソースの節約ができるというメリットがある。同じようなインスタンスを何度も作らなくても、一度作成したインスタンスを共通で使えるからね。特にサウンドはデータ量が多い。それに、全体で1つのインスタンスしかないので、例えばゲーム全体の音量調整やオンオフなども管理しやすくなる。

なるほどね〜。

ただし、シングルトンが多用されるとプログラムが密結合になって、プログラムのテストや修正がやりにくくなったりするから、なんでもかんでも使いすぎないことが重要だ。

シングルトンパターンの作り方

それでは、シングルトンがどんなプログラムになるのか、小さなホテルのフロント係を例にプログラムを作ってみよう。シングルトンパターンの重要なポイントは「**プログラムの中で1つしかないインスタンスを作る方法**」だ。インスタンスを作る部分を工夫して作るよ。

どうやって作るの？

新しくインスタンスを作ろうとするとき、もうすでに作っていたら、すでに作ってあるインスタンスを使うようにするんだよ。

使い回すってこと？

そういうことだ。だから、インスタンスを作るとき、「**インスタンス名 = クラス名( )**」と書かずに、「**クラス名.get_instanse()**」と書くんだよ。そのために、インスタンスの作り方を改造するんだ。

そんなことができるの？

❶**クラス変数**というクラス内で共通に使える変数を使うんだ。クラス名の直後に「**_instance = None**」と書けば作れるんだけど、最初は何も入っていない状態にしたいので**None**にしておく。そして、インスタンスを作ったらここに入れる。つまり、すでにインスタンスを作ったか作っていないかはここを見てわかるようにするんだ。

作ったインスタンスを入れておく箱なのね。

❷そして、**@classmethod**と書いてから**get_instanse()**メソッドを作るんだ。 **_instance**の中身がないとき、つまり最初の1回だけは、**cls._instance = cls()**と命令して、インスタンスを作って、**_instance**の中に作り、そうでなければ作らない。すると、この**cls._instance**が1つしかないインスタンスになるので、これを返すというわけだ。

面白い作り方だけど、作れるのね。

これの便利なところは、「**クラス名.get_instance().メソッド名()**」と書けば、インスタンスを作ってメソッドを実行するところまでを1行で書けちゃうんだ。こうしておけば、いろいろなところから呼び出しやすいよね。

便利だね〜。

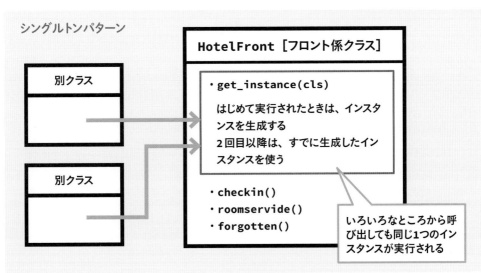

そのプログラムが以下の通りだ。「**test505.py**」というファイルを作って入力して、実行してみよう。テストなのでいろいろなメソッドを並べて書いたけど、この1行をいろいろなところで書けるというわけだ。

📄 py 入力プログラム（test505.py）

```python
 1  #シングルトンパターン
 2  class HotelFront:  #  ホテルのフロント係
❶ 3      _instance = None
 4
❷ 5      @classmethod
 6      def get_instance(cls):
 7          if cls._instance is None:
 8              cls._instance = cls()
 9          return cls._instance
10
11      def checkin(self):
12          print("「いらっしゃいませ。デザインパターンホテルへようこそ。」")
13
14      def roomservice(self):
15          print("「はい、フロントです。ルームサービスのご注文でしょうか?」")
16
17      def forgotten(self):
18          print("「ご連絡ありがとうございます。お名前とお部屋番号をお教えいただけますか?」")
19
20  print("フロントでチェックイン")
21  HotelFront.get_instance().checkin()
22  print("302号室から内線")
23  HotelFront.get_instance().roomservice()
24  print("808号室から内線")
25  HotelFront.get_instance().roomservice()
26  print("忘れ物をしたので、外から電話")
27  HotelFront.get_instance().forgotten()
```

<出力結果>

フロントでチェックイン

「いらっしゃいませ。デザインパターンホテルへようこそ。」

302号室から内線

「はい、フロントです。ルームサービスのご注文でしょうか?」

808号室から内線

「はい、フロントです。ルームサービスのご注文でしょうか?」

忘れ物をしたので、外から電話

「ご連絡ありがとうございます。お名前とお部屋番号をお教えいただけますか?」

 丁寧な対応ありがとう。それぞれたった1行書いただけの命令なのに、ちゃんと対応してくれるね。

ゲームにサウンドを追加する

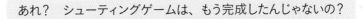

さあ、それではこのシングルトンパターンを使って、ゲームを改造してみよう。

あれ? シューティングゲームは、もう完成したんじゃないの?

 ゲームの動きはできたけど、音がないのでさみしいよね。だから、「**サウンドクラス（Sound）**」を追加して、いろいろな音が鳴るようにしようと思うんだ。

そっか。音が出てなかったね。

Chapter 3でコピーした「**sounds**」フォルダの中のサウンドを鳴らそう
と思う。以下のときに鳴らそうと思うんだ。

鳴らすタイミングとサウンドファイル

鳴らすタイミング	ファイル名
ゲーム中	bgm.wav
ゲームオーバー	over.wav
ゲームクリア	clear.wav
攻撃音1（敵に弾が当たったとき）	clap1.wav
攻撃音2（敵に弾が当たったとき）	clap2.wav
攻撃音3（敵に弾が当たったとき）	clap3.wav
敵破壊音	blast.wav
自機爆発音	bomb.wav

 うわ。こんなにたくさん
あるとややこしそう。

 こんなときは、シングルトンを使えばシンプルに作れるよ。**音を鳴らす処
理は全部まとめてサウンドクラス**に書いておいて、あとは**音を鳴らしたい
ところで1行追加する**だけでいいんだ。

 わかりやすいね～。

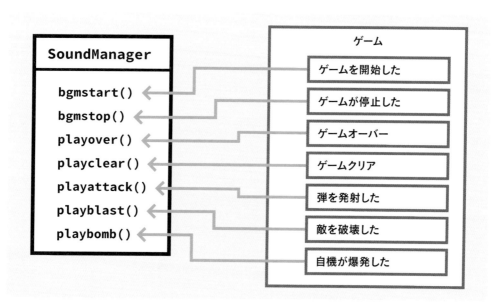

218

ここで作成＆修正する作業

・サウンドマネージャクラス（SoundManager）を追加 …**1**
・ゲームマネージャクラス（GameManager）を修正 …**2345**

※ここから作るプログラムをサンプルファイルで確認したい場合は、「chap505」フォルダをご覧ください。

サウンドマネージャクラスの追加

 まずは、**❶**シングルトンで「**サウンドマネージャクラス（SoundManager）**」を作るよ。**❷**BGMはくり返し流し続ける曲なので、pygameの**mixer. music**にロードしておく。**❸**あとは、**music.play(-1)**でループ再生、**music.stop()**で停止ができるんだ。だからそれを、**bgmstartメソッド**、**bgmstopメソッド**として用意しておく。

 このメソッドで、BGMを鳴らしたり止めたりできるのね。

 そういうことだ。そして、あとは**効果音**だ。効果音は短い音が鳴るだけなので、**サウンド.play**だけで鳴らすことができる。**❹**それぞれプロパティを作って読み込んで、**❺**それぞれを**鳴らすメソッド**を用意しよう。こうして作ったのが以下のプログラムだ。「**sound.py**」ファイルを作って入力しよう。

📄 **1**プログラムの追加（sound.py）

```
1  import pygame as pg
2  import random
3
4  class SoundManager():  #【サウンドマネージャ】
5      _instance = None
6
7      @classmethod
8      def get_instance(cls):  # 1つだけのインスタンスを取得
9          if cls._instance is None:
```

5

デザインパターンを使ってみよう

▶次ページに続きます

```
10              cls._instance = cls()
11          return cls._instance
12
13      def __init__(self):
14          pg.mixer.music.load("sounds/bgm.wav")
15          # プロパティ：どんなデータを持つのか？
16          self._over = pg.mixer.Sound("sounds/over.wav")
17          self._clear = pg.mixer.Sound("sounds/clear.wav")
18          self._clap1 = pg.mixer.Sound("sounds/clap1.wav")
19          self._clap2 = pg.mixer.Sound("sounds/clap2.wav")
20          self._clap3 = pg.mixer.Sound("sounds/clap3.wav")
21          self._blast = pg.mixer.Sound("sounds/blast.wav")
22          self._bomb = pg.mixer.Sound("sounds/bomb.wav")
23
24          # メソッド：どんな処理をするのか？
25      def bgmstart(self): # BGM再生
26          pg.mixer.music.play(-1)
27
28      def bgmstop(self): # BGM停止
29          pg.mixer.music.stop()
30
31      def playover(self): # ゲームオーバー音
32          self._over.play()
33
34      def playclear(self): # ゲームクリア音
35          self._clear.play()
36
37      def playattack(self): # 攻撃音
38          r = random.randint(0, 3)
39          if r == 0:
40              self._clap1.play()
41          elif r == 1:
42              self._clap2.play()
```

▶次ページに続きます

```
43          else:
44              self._clap3.play()
45
```

```
46      def playblast(self): # 敵破壊音
47          self._blast.play()
48
```

```
49      def playbomb(self): # 自機爆発音
50          self._bomb.play()
```

ゲームでは「敵に弾が当たる」というのは、かなり頻繁に起こる。そのため同じサウンドだと単調になりがちなので、3種類の違う音程の攻撃音をランダムに鳴らすようにしてみるよ。

```
37      def playattack(self): # 攻撃音
38          r = random.randint(0, 3)
39          if r == 0:
40              self._clap1.play()
41          elif r == 1:
42              self._clap2.play()
43          else:
44              self._clap3.play()
```

ゲームマネージャクラスの修正

Soundクラスができれば、あとは音を鳴らしたいところで1行追加していくだけだ。音を鳴らす場所は、ゲームで何かの判断をしたときなので、GameManagerだ。「gamecontrol.py」を修正してまずは、soundをインポートする。

py 2 プログラムの修正（gamecontrol.py）

```
1   import pygame as pg
2   import random, player, enemy, ballet, status, sound
```

あとは、サウンドを鳴らしたいときに、**サウンドマネージャに1行の命令を
するだけ**だ。ゲーム開始時はリセットしたときなので、**reset**メソッドの
中に**bgmstart**メソッドを追加しよう。

📄 py ③ プログラムの修正（gamecontrol.py）

```
38    def reset(self): # ゲームのリセット
39        self._is_playing = True
40        self._is_cleared = False
41        self._player.reset()
42        self._enemies.clear()
43        self._spawn_count = 0
44        self._ballets.clear()
45        self._ballet_count = 0
46        self._status.reset()
47        sound.SoundManager.get_instance().bgmstart()
```

そして、❶敵と弾が衝突したときに**playattack**メソッドで攻撃音を、
❷敵のHPが0以下になって倒したときに**playblast**メソッドで敵破壊
音を鳴らし、❸30匹倒したときに**bgmstop**メソッドでBGMを停止して、
playclearメソッドでゲームクリア音を鳴らそう。

📄 py ④ プログラムの修正（gamecontrol.py）

```
66    for e in self._enemies:
67        for b in self._ballets:
68            if e.rect.colliderect(b.rect):
❶ 69                sound.SoundManager.get_instance().playattack()
70                self._ballets.remove(b)
71                e.hp -= 50
72                if e.hp <= 0:
73                    self.notify("score")
```

```
 74                         b = enemy.BombEffect(e.rect, self._effects)
❷ 75                         sound.SoundManager.get_instance().
                                playblast()
 76                         self._effects.append(b)
 77                         self._enemies.remove(e)
 78                         if self._status.score == 30: # クリア条件
 79                             self._is_playing = False
 80                             self._is_cleared = True
❸ 81                             sound.SoundManager.get_instance().
                                    bgmstop()
 82                             sound.SoundManager.get_instance().
                                    playclear()
 83                     if e.is_alive == False:
```

 さらに、❹敵と主人公が衝突したときに**playbomb**メソッドで自機爆発音を鳴らし、❺主人公のHPが0になったら、**bgmstop**メソッドでBGMを停止して、**playover**メソッドでゲームオーバー音を鳴らそう。

py **❺**プログラムの修正（gamecontrol.py）

```
 90                 #  敵と主人公が衝突したら、ゲームオーバー
 91                 if e.rect.colliderect(self._player.rect):
❹ 92                     sound.SoundManager.get_instance().playbomb()
 93                     if e in self._enemies:
 94                         self._enemies.remove(e)
 95                     self._player.damage()
 96                     self._player.hp -= 50
 97                     if self._player.hp <= 0:
 98                         self._is_playing = False
❺ 99                         sound.SoundManager.get_instance().
                                bgmstop()
 100                        sound.SoundManager.get_instance().
                                playover()
```

 さあ。これで、ゲームの完成だよ。

 完成だ〜！ 音楽や効果音が入るとノリノリで遊べるね。いろいろ大変だったけど、こんなちゃんとしたゲームが作れるようになった。カエルさん、ありがとう〜！

 オブジェクト指向の冒険は、まだまだ始まったばかりだよ。これはほんの一例だから、もっとプログラムをいろいろ作って試して、考え方をしっかり身に付けていこう！ そして、もっと面白くて便利なプログラム作りに挑戦してみようね。

プログラムの完成版を書いておくよ。

py 完成プログラム：（mygame.py）

```
1   # 1.準備
2   import pygame as pg, sys
3   import gamecontrol, resultscene
4   pg.init()
5   screen = pg.display.set_mode((600, 650))
6   pg.display.set_caption("MYGAME")
7   game = gamecontrol.GameManager()
8   result = resultscene.ResultScene(game)
9   # 2.メインループ
10  while True:
11      # 3.画面の初期化
12      screen.fill(pg.Color("NAVY"))
13      # 4.入力チェックや判断処理
14      if game.is_playing == True:
15          game.update()
16      else:
17          result.update()
18      # 5.描画処理
19      game.draw(screen)
20      if game.is_playing == False:
21          result.draw(screen)
22      # 6.画面の表示
23      pg.display.update()
24      pg.time.Clock().tick(60)
25      # 7.閉じるボタンチェック
26      for event in pg.event.get():
27          if event.type == pg.QUIT:
28              pg.quit()
29              sys.exit()
```

```python
1   import pygame as pg
2   import random, player, enemy, bullet, status, sound
3
4   class Subject: #【配信者の基本形】
5       def __init__(self):
6           # プロパティ:どんなデータを持つのか?
7           self._observers = []
8
9           # メソッド:どんな処理をするのか?
10      def attach(self, observer): # 受信者の追加
11          self._observers.append(observer)
12
13      def notify(self, ntype): # 通知
14          for observer in self._observers:
15              observer.update(ntype)
16
17  class GameManager(Subject): #【ゲーム管理】
18      def __init__(self):
19          super().__init__()
20          # プロパティ:どんなデータを持つのか?
21          self._player = player.Player()
22          self._enemies = []
23          self._effects = []
24          self._bullets = []
25          self._factory = enemy.EnemyFactory()
26          self._status = status.Status()
27          self.attach(self._status)
28          self.reset()
29
30      @property
31      def is_playing(self):
32          return self._is_playing
33      @property
34      def is_cleared(self):
```

```
35            return self._is_cleared
36
37        #  メソッド：どんな処理をするのか？
38        def reset(self):  #  ゲームのリセット
39            self._is_playing = True
40            self._is_cleared = False
41            self._player.reset()
42            self._enemies.clear()
43            self._spawn_count = 0
44            self._bullets.clear()
45            self._bullet_count = 0
46            self._status.reset()
47            sound.SoundManager.get_instance().bgmstart()
48
49        def update(self):  #  更新処理
50            self.notify("distance")
51            self._bullet_count += 1
52            if self._bullet_count > 10:  #  弾発生量
53                key = pg.key.get_pressed()
54                if key[pg.K_a]:  #  Aキーで弾発射
55                    self._bullets.append(bullet.Bullet(self.
                        _player.rect))
56                    self._bullet_count = 0
57            for e in self._effects:
58                e.update()
59            for b in self._bullets:
60                b.update()
61            self._player.update()
62            self._spawn_count += 1
63            if self._spawn_count > 15:  #  敵発生量
64                self._spawn_count = 0
65                self._enemies.append(self._factory.random_create())
66            for e in self._enemies:
67                for b in self._bullets:
68                    if e.rect.colliderect(b.rect):
```

▶次ページに続きます

```python
69                        sound.SoundManager.get_instance().
                              playattack()
70                        self._bullets.remove(b)
71                        e.hp -= 50
72                        if e.hp <= 0:
73                            self.notify("score")
74                            b = enemy.BombEffect(e.rect, self.
                                  _effects)
75                            sound.SoundManager.get_instance().
                                  playblast()
76                            self._effects.append(b)
77                            self._enemies.remove(e)
78                            if self._status.score == 30:  # クリア条件
79                                self._is_playing = False
80                                self._is_cleared = True
81                                sound.SoundManager.get_instance().
                                      bgmstop()
82                                sound.SoundManager.get_instance().
                                      playclear()
83                if e.is_alive == False:
84                    self._enemies.remove(e)
85                    break
86            e.update()
87            # 敵が下に落ちたら消える
88            if e.rect.y >= 650:
89                self._enemies.remove(e)
90            # 敵と主人公が衝突したらダメージ
91            if e in self._enemies:
92                if e.rect.colliderect(self._player.rect):
93                    sound.SoundManager.get_instance().playbomb()
94                    self._enemies.remove(e)
95                    self._player.damage()
96                    self._player.hp -= 50
97                    if self._player.hp <= 0:
98                        self._is_playing = False
```

```
 99                          sound.SoundManager.get_instance().
                               bgmstop()
100                          sound.SoundManager.get_instance().
                               playover()
101
102      def draw(self, screen): # 描画処理
103          for b in self._bullets:
104              b.draw(screen)
105          for e in self._effects:
106              e.draw(screen)
107          self._player.draw(screen)
108          for e in self._enemies:
109              e.draw(screen)
110          self._status.draw(screen)
```

py 完成プログラム：(resultscene.py)

```
 1  import pygame as pg
 2
 3  class ResultScene(): #【結果画面】
 4      def __init__(self, game):
 5          font = pg.font.Font(None, 50)
 6          # プロパティ：どんなデータを持つのか？
 7          self._game = game
 8          self._msg = font.render("Press SPACE to replay.",
                True, pg.Color("WHITE"))
 9          self._gameover= pg.image.load("images/gameover.png")
10          self._gameclear= pg.image.load("images/gameclear.png")
11
12      # メソッド：どんな処理をするのか？
13      def update(self): # 更新処理
14          key = pg.key.get_pressed()
15          if key[pg.K_SPACE]:
16              self._game.reset()
17
```

▶次ページに続きます

5

デザインパターンを使ってみよう

```
18      def draw(self, screen): # 描画処理
19          screen.blit(self._msg, (120, 380))
20          if self._game.is_playing == False:
21              if self._game.is_cleared == True:
22                  screen.blit(self._gameclear, (50, 200))
23              else:
24                  screen.blit(self._gameover, (50, 200))
```

py 完成プログラム：（player.py）

```
 1  import pygame as pg
 2
 3  class PlayerState(): #【状態の基本形】
 4      def __init__(self, player):
 5          # プロパティ：どんなデータを持つのか？
 6          self._player = player
 7          self._image = None
 8
 9      def update(self): # 更新処理
10          pass
11
12      @property
13      def image(self):
14          return self._image
15
16  class IdleState(PlayerState): #【待機状態】
17      def __init__(self, player):
18          super().__init__(player)
19          # プロパティ：どんなデータを持つのか？
20          self._image = pg.image.load("images/kaeru1.png")
21
22      # メソッド：どんな処理をするのか？
23      def update(self): # 更新処理
24          key = pg.key.get_pressed()
25          if key[pg.K_LEFT] or key[pg.K_RIGHT]:
```

```python
26              return MovingState(self._player)
27          else:
28              return self
29
30  class MovingState(PlayerState):  #【移動状態】
31      def __init__(self, player):
32          super().__init__(player)
33          # プロパティ：どんなデータを持つのか？
34          self._images = [
35              pg.image.load("images/kaeru1.png"),
36              pg.image.load("images/kaeru2.png"),
37              pg.image.load("images/kaeru3.png"),
38              pg.image.load("images/kaeru4.png")
39          ]
40          self._cnt = 0
41          self._image = self._images[0]
42
43          # メソッド：どんな処理をするのか？
44      def update(self):  # 更新処理
45          self._cnt += 1
46          self._image = self._images[self._cnt // 5 % 4]
47          key = pg.key.get_pressed()
48          if not (key[pg.K_LEFT] or key[pg.K_RIGHT]):
49              return IdleState(self._player)
50          else:
51              return self
52
53  class DamageState(PlayerState):  #【ダメージ状態】
54      def __init__(self, player):
55          super().__init__(player)
56          # プロパティ：どんなデータを持つのか？
57          self._images = [
58              pg.image.load("images/kaeru5.png"),
59              pg.image.load("images/kaeru6.png")
60          ]
```

▶次ページに続きます

```python
61          self._cnt = 0
62          self._image = self._images[0]
63          self._timeout = 20
64
65      # メソッド：どんな処理をするのか？
66      def update(self): # 更新処理
67          self._cnt += 1
68          self._image = self._images[self._cnt // 5 % 2]
69          #タイムアウトチェック
70          self._timeout -= 1
71          if self._timeout < 0:
72              return IdleState(self._player)
73          else:
74              return self
75
76  class Player(): #【主人公】
77      def __init__(self):
78          # プロパティ：どんなデータを持つのか？
79          self.reset()
80
81      @property
82      def rect(self):
83          return self._rect
84      @rect.setter
85      def rect(self, value):
86          self._rect = value
87
88
89      # メソッド：どんな処理をするのか？
90      def reset(self): # このキャラのリセット
91          self._state = IdleState(self)
92          self._rect = pg.Rect(250, 550, 50, 50)
93          self._speed = 10
94          self._maxhp = 150
95          self._hp = 150
```

```python
96
97      @property
98      def maxhp(self):
99          return self._maxhp
100     @property
101     def hp(self):
102         return self._hp
103     @hp.setter
104     def hp(self, value):
105         self._hp = value
106
107     def update(self): # 更新処理
108         self._state = self._state.update()
109         key = pg.key.get_pressed()
110         vx = 0
111         if key[pg.K_RIGHT]:
112             vx = self._speed
113         if key[pg.K_LEFT]:
114             vx = -self._speed
115         if self._rect.x + vx < 0 or self._rect.x + vx > 550:
116             vx = 0
117         self._rect.x += vx
118
119     def draw(self, screen): # 描画処理
120         screen.blit(self._state.image, self._rect)
121         # hpbar
122         rect1 = pg.Rect(self._rect.x, self._rect.y - 20, 4, 20)
123         h = (self._hp / self._maxhp) * 20
124         rect2 = pg.Rect(self._rect.x, self._rect.y - h, 4, h)
125         pg.draw.rect(screen, pg.Color("RED"), rect1)
126         pg.draw.rect(screen, pg.Color("GREEN"), rect2)
127
128     def damage(self): # ダメージ化
129         self._state = DamageState(self)
```

```python
import pygame as pg
import random

class Enemy(): #【敵】
    def __init__(self):
        x = random.randint(100,500)
        y = -100
        # プロパティ：どんなデータを持つのか?
        self._image = pg.image.load("images/enemy1.png")
        self._rect = pg.Rect(x, y, 50, 50)
        self._vx = random.uniform(-4, 4)
        self._vy = random.uniform(1, 4)
        self._maxhp = 100
        self._hp = 100
        self._is_alive = True

    @property
    def is_alive(self):
        return self._is_alive
    @property
    def maxhp(self):
        return self._maxhp
    @property
    def hp(self):
        return self._hp
    @hp.setter
    def hp(self, value):
        self._hp = value
    @property
    def rect(self):
        return self._rect
    @rect.setter
    def rect(self, value):
        self._rect = value
```

```python
35      @property
36      def vy(self):
37          return self._vy
38      @vy.setter
39      def vy(self, value):
40          self._vy = value
41
42      # メソッド：どんな処理をするのか？
43      def update(self): # 更新処理
44          if self._rect.x < 0 or self._rect.x > 550:
45              self._vx = -self._vx
46          self._rect.x += self._vx
47          self._rect.y += self._vy
48          if self._rect.y > 650:
49              self._is_alive = False
50
51      def draw(self, screen): # 描画処理
52          screen.blit(self._image, self._rect)
53          # hpbar
54          rect1 = pg.Rect(self._rect.x, self._rect.y - 20, 4, 20)
55          h = (self._hp / self._maxhp) * 20
56          rect2 = pg.Rect(self._rect.x, self._rect.y - h, 4, h)
57          pg.draw.rect(screen, pg.Color("RED"), rect1)
58          pg.draw.rect(screen, pg.Color("GREEN"), rect2)
59
60  class FlameEnemy(Enemy): #【炎の敵】
61      def __init__(self):
62          super().__init__()
63          # プロパティ：どんなデータを持つのか？
64          self._image = pg.image.load("images/enemy2.png")
65          self._vx = random.uniform(-2, 2)
66          self._vy = random.uniform(5, 7)
67
38  class IceEnemy(Enemy): #【氷の敵】
69      def __init__(self):
```

▶次ページに続きます

```python
70          super().__init__()
71          # プロパティ:どんなデータを持つのか?
72          self._image = pg.image.load("images/enemy3.png")
73          self._maxhp = 150
74          self._hp = 150
75
76  class BombEffect(): #【爆発エフェクト】
77      def __init__(self, rect, effects):
78          # プロパティ:どんなデータを持つのか?
79          self._images = [
80              pg.image.load("images/bomb_0.png"),
81              pg.image.load("images/bomb_1.png"),
82              pg.image.load("images/bomb_2.png"),
83              pg.image.load("images/bomb_3.png"),
84              pg.image.load("images/bomb_4.png"),
85              pg.image.load("images/bomb_5.png")
86          ]
87          self._image = self._images[0]
88          self._effects = effects
89          self._rect = rect
90          self._cnt = 0
91
92          # メソッド:どんな処理をするのか?
93      def update(self): # 更新処理
94          self._cnt += 1
95          idx = self._cnt // 5
96          if idx <= 5:
97              self._image = self._images[idx]
98          else:
99              self._effects.remove(self)
100
101     def draw(self, screen): # 描画処理
102         screen.blit(self._image, self._rect)
103
104 class EnemyFactory(): #【敵工場】
```

```python
105     #  メソッド：どんな処理をするのか？
106     def create(self, etype): # タイプ指定で作る
107         if etype == "flame":
108             return FlameEnemy()
109         elif etype == "ice":
110             return IceEnemy()
111         else:
112             return Enemy()
113
114     def random_create(self): # ランダムに作る
115         etype = random.choice(["normal", "flame", "ice"])
116         return self.create(etype)
```

py 完成プログラム：(bullet.py)

```python
1   import pygame as pg
2
3   class Bullet(): #【弾】
4       def __init__(self, rect):
5           x = rect.x + 17
6           y = rect.y - 10
7           # プロパティ：どんなデータを持つのか？
8           self._image = pg.image.load("images/bullet.png")
9           self._rect = self._image.get_rect()
10          self._rect.topleft = (x, y)
11          self._vy = -8
12          self._is_alive = True
13
14      @property
15      def rect(self):
16          return self._rect
17      @rect.setter
18      def rect(self, value):
19          self._rect = value
20
```

▶次ページに続きます

```
21        #  メソッド：どんな処理をするのか？
22        def update(self): #  更新処理
23            self._rect.y += self._vy
24            if self._rect.y < -100:
25                self._is_alive = False
26
27        def draw(self, screen): #  描画処理
28            screen.blit(self._image, self._rect)
```

📄py 完成プログラム：（status.py）

```
1   import pygame as pg
2
3   class Observer: #【受信者の基本形】
4       #  メソッド：どんな処理をするのか？
5       def update(self, ntype):
6           pass
7
8   class Status(Observer): #【情報表示】
9       def __init__(self):
10          #  プロパティ：どんなデータを持つのか？
11          self.reset()
12          self._board = pg.Surface((800, 36), pg.SRCALPHA)
13
14      @property
15      def score(self):
16          return self._score
17
18      #  メソッド：どんな処理をするのか？
19      def reset(self): #  表示データのリセット
20          self._font = pg.font.Font(None, 32)
21          self._distance = 0
22          self._score = 0
23
24      def update(self, ntype): #  更新処理
```

```python
25        if ntype == "distance":
26            self._distance += 2
27        if ntype == "score":
28            self._score += 1
29
30    def draw(self, screen): # 描画処理
31        pg.draw.rect(self._board, (0, 0, 0, 128), pg.Rect(0,
            0, 800, 36))
32        screen.blit(self._board, (0, 0))
33        info1 = self._font.render(f"DISTANCE : {self.
            _distance}", True, pg.Color("WHITE"))
34        info2 = self._font.render(f"SCORE : {self._score}",
            True, pg.Color("WHITE"))
35        screen.blit(info1, (20, 10))
36        screen.blit(info2, (450, 10))
```

📄 py 完成プログラム：(sound.py)

```python
1  import pygame as pg
2  import random
3
4  class SoundManager(): #【サウンドマネージャ】
5      _instance = None
6
7      @classmethod
8      def get_instance(cls): # 1つだけのインスタンスを取得
9          if cls._instance is None:
10             cls._instance = cls()
11         return cls._instance
12
13     def __init__(self):
14         pg.mixer.music.load("sounds/bgm.wav")
15         # プロパティ：どんなデータを持つのか？
16         self._over = pg.mixer.Sound("sounds/over.wav")
17         self._clear = pg.mixer.Sound("sounds/clear.wav")
```

▶次ページに続きます

```
18          self._clap1 = pg.mixer.Sound("sounds/clap1.wav")
19          self._clap2 = pg.mixer.Sound("sounds/clap2.wav")
20          self._clap3 = pg.mixer.Sound("sounds/clap3.wav")
21          self._blast = pg.mixer.Sound("sounds/blast.wav")
22          self._bomb = pg.mixer.Sound("sounds/bomb.wav")
23
24      # メソッド：どんな処理をするのか？
25      def bgmstart(self): # BGM再生
26          pg.mixer.music.play(-1)
27
28      def bgmstop(self): # BGM停止
29          pg.mixer.music.stop()
30
31      def playover(self): # ゲームオーバー音
32          self._over.play()
33
34      def playclear(self): # ゲームクリア音
35          self._clear.play()
36
37      def playattack(self): # 攻撃音
38          r = random.randint(0, 3)
39          if r == 0:
40              self._clap1.play()
41          elif r == 1:
42              self._clap2.play()
43          else:
44              self._clap3.play()
45
46      def playblast(self): # 敵破壊音
47          self._blast.play()
48
49      def playbomb(self): # 自機爆発音
50          self._bomb.play()
```

Appendix

巻末付録

pygame
リファレンス

pygameでゲーム作りを頑張るあなたのために、とっておきのお役立ちページを用意しました。本書で使用したpygameの命令を一覧で確認することができます。 pygameで使える色がわかるプログラムもあるので活用してみてくださいね。

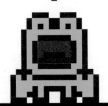

知っていると便利なpygameの命令を一覧でまとめました。

pygame全体に命令する

pygameを初期化する

```
pg.init()
```

pygameを終了する

```
pg.quit()
```

pythonプログラムを終了する

```
sys.exit()
```

ゲーム用ウィンドウを作る

```
screen = pg.display.set_mode((幅, 高さ))
```

図形を描画する

画面を塗りつぶす

```
screen.fill(色)
```

色を指定する

```
pg.Color("色の名前")
```

四角形を描く

```
pg.draw.rect(screen, 色, (X, Y, 幅, 高さ))
```

線を引く

pg.draw.line(screen, 色, (X1, Y1), (X2,Y2), 太さ)

円を描く

pg.draw.ellipse(screen, 色, (X, Y, 幅, 高さ), 太さ)

 画像を描画する

画像を読み込む

画像変数 = pg.image.load("画像ファイルパス")

画像を描画する

screen.blit(画像変数, (X, Y))

画像を描画して、その範囲を取得する

画像の範囲 = screen.blit(画像変数, (X, Y))

画像のサイズを変更する

画像変数 = pg.transform.scale(画像変数, (幅,高さ))

画像を上下左右反転する

画像変数 = pg.transform.flip(画像変数, 左右反転, 上下反転)

文字を描画する

フォントを準備する

```
font = pg.font.Font(None, 文字サイズ)
```

文字列の画像を作る

```
画像変数 = font.render("文字列", True, 色)
```

Rectを作る

Rectを作る

```
変数 = pg.Rect(X, Y, 幅, 高さ)
```

時間を調整する

1秒間にこの回数以下のスピードにする

```
pg.time.Clock().tick(1秒間にこの回数以下のスピードにする)
```

キーボード・マウス入力を調べる

今、どのキーが押されているかを調べる

```
キー変数 = pg.key.get_pressed()
```

今、マウスボタンが押されているかを調べる

```
マウス変数 = pg.mouse.get_pressed()
```

マウスがどこを指しているかを調べる

```
(mx，my) = pg.mouse.get_pos()
```

 衝突を判定する

ある点（X，Y）が、rectAの範囲内にあるかを調べる

```
変数（範囲内にあるかないか?） = rectA.collidepoint(X，Y)
```

rectAとrectBが衝突しているかを調べる

```
変数（衝突したか、していないか?） = rectA.colliderect(rectB)
```

rectAが、リストの中のどれかのrectと衝突しているか調べる

```
変数（何番目と衝突したか??） = rectA.collidelist(リスト)
```

 音を鳴らす

指定したサウンドファイルを鳴らす

```
pg.mixer.Sound("サウンドファイルパス").play()
```

色の名前一覧プログラム

pygameで使える色は、**pg.color.THECOLORS** のリストに入っています。 **for** 文でくり返し取り出して、名前を表示させてみましょう（プログラムファイルは、サンプルファイルの「colorlist」フォルダに入っています）。

📄 入力プログラム（`colorlist.py`）

```
1  import pygame as pg
2
3  for color in pg.color.THECOLORS:
4      print(color)
```

📄 出力結果

```
aliceblue
antiquewhite
antiquewhite1
antiquewhite2
    :
```

名前がたくさん出てきましたが、実際にはどんな色なのかよくわかりませんね。そこで、pygameの画面を使って『**色の名前を表示するアプリ**』を作ってみました。

pygameで使える色を使って四角形を描いて、そこにその色の名前を重ねます。色によって読みにくくならないように、文字の色は黒と白の2列で表示します。また、pygameで使える色数はとても多いので、1画面に収まりません。上下キーを押すと、続きを表示できるようにしましたよ。

📄 入力プログラム（`colorbar`）

```
1  import pygame as pg, sys
2  pg.init()
3  screen = pg.display.set_mode((800, 600))
4  colors = []
5  for c in pg.color.THECOLORS:
6      colors.append(c)
7  font = pg.font.Font(None, 22)
8  startID = 0
9
```

```
10  while True:
11      screen.fill(pg.Color("WHITE"))
12      textimg = font.render("Up/Down keys to move.", True, pg.
          Color("BLACK"))
13      screen.blit(textimg, (300, 560))
14      n = startID
15      for i in range(11):
16          for j in range(5):
17              if (n < len(colors)):
18                  c = pg.Color(colors[n])
19                  x = j * 150 + 30
20                  y = i * 50
21                  pg.draw.rect(screen, c, (x, y, 140, 40))
22                  textimg = font.render(colors[n], True, pg.
                      Color("BLACK"))
23                  screen.blit(textimg, (x + 5, y + 4))
24                  textimg = font.render(colors[n], True, pg.
                      Color("WHITE"))
25                  screen.blit(textimg, (x + 5, y + 20))
26                  n += 1
27      key = pg.key.get_pressed()
28      if key[pg.K_DOWN]:
29          startID = startID + 5
30          if startID > len(colors):
31              startID = len(colors) - 2
32      if key[pg.K_UP]:
33          startID = startID - 5
34          if startID < 0:
35              startID = 0
36      pg.display.update()
37      pg.time.Clock().tick(30)
38      for event in pg.event.get():
39          if event.type == pg.QUIT:
40              pg.quit()
41              sys.exit()
```

出力結果

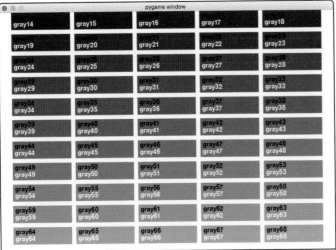

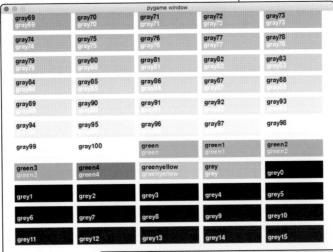

Up/Down keys to move.

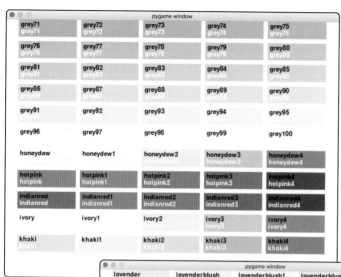

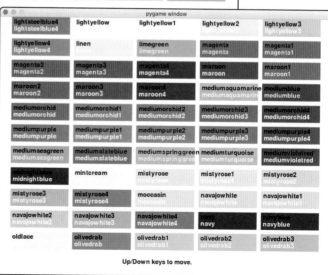

Up/Down keys to move.

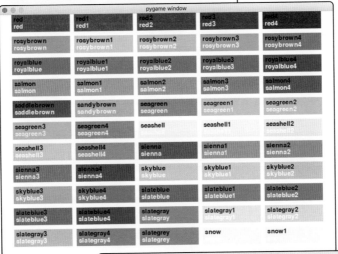

こんなにたくさん使える色があるんですね。色と名前が一致したことで、色の名前がわかりやすくなりました。

ちなみに、色の名前は小文字で表示されていますが、**pg.Color("色の名前")** で指定する場合の名前は、大文字でも小文字でも、間にスペースが入っていても指定できます。例えば、「**skyblue**」でも「**SKYBLUE**」でも「**Sky Blue**」でも同じ色を指定できるのです。

 pygameはこんな風に、**ゲーム**だけでなく**便利ツール**を作ることもできるのです。

INDEX

STAFF

ブックデザイン	：岩本 美奈子
ドット絵イラスト	：森 巧尚
本文イラスト	：明石 こや（X：@illkoya）
DTP	：AP_Planning
担当	：角竹 輝紀・古田 由香里

AUTHOR

森 巧尚 もり よしなお

パソコンが登場した『マイコンBASICマガジン』（電波新聞社）の時代からゲームを作り続けて約40年。現在は、コンテンツ制作や執筆活動を行い、また関西学院大学、関西学院高等部、成安造形大学、大阪芸術大学の非常勤講師や、プログラミングスクールコプリの講師など、プログラミングに関わる幅広い活動を行っている。
著書に『ゲーム作りで楽しく学ぶPythonのきほん』『楽しく学ぶUnity2D超入門講座』『楽しく学ぶUnity3D超入門講座』『作って学ぶiPhoneアプリの教科書〜人工知能アプリを作ってみよう！〜』『アルゴリズムとプログラミングの図鑑【第2版】』（以上マイナビ出版）、『Python3年生 ディープラーニングのしくみ』『Python3年生 機械学習のしくみ』『Python2年生 デスクトップアプリ開発のしくみ』『Python2年生 データ分析のしくみ』『Python2年生 スクレイピングのしくみ』『動かして学ぶ！Vue.js開発入門』『Python1年生』『Java1年生』（以上翔泳社）など多数。

ゲーム作りで楽しく学ぶ オブジェクト指向のきほん

2023年12月8日　初版第1刷発行

著者	森 巧尚
発行者	角竹 輝紀
発行所	株式会社マイナビ出版

〒101-0003　東京都千代田区一ツ橋2-6-3　一ツ橋ビル2F
☎0480-38-6872（注文専用ダイヤル）
☎03-3556-2731（販売）
☎03-3556-2736（編集）
編集問い合わせ先：pc-books@mynavi.jp
URL：https://book.mynavi.jp

印刷・製本　株式会社ルナテック